実用図学

Practical Descriptive Geometry

阿部浩和・榊 愛・鈴木広隆・橋寺知子・安福健祐 著

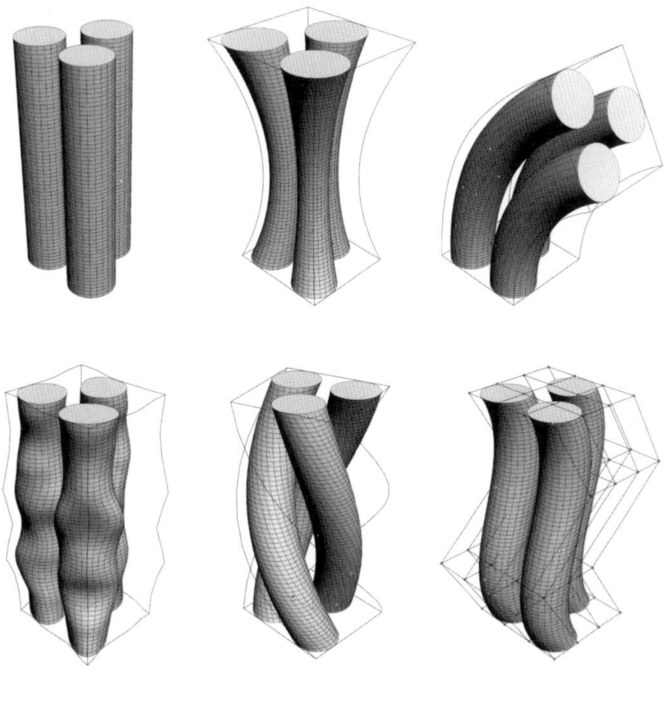

共立出版

はじめに

図学は図法幾何学とも呼ばれ,「ものづくり」に必要な技術として古くは理工系の教養科目として幅広い分野に提供されていましたが，近年では工学部の建築系，機械系，情報系などを中心とした分野への提供となっています。「ものづくり」に必要な技術であった時代には，図学はもっぱら手描きで行うものであり，3次元の立体形状を2次元の平面上に表現したり平面上で分析したりすることが中心でした。しかし，1980年代後半にコンピューターを用いた情報図学が図学教育に導入されると，必ずしも最終成果物が立体の「もの」である必要はなくなり，平面のCG画像が最終成果物となるようにもなりました。しかし，2000年代以降，3Dプリンターや折り紙技術を使ったすぐれた造形手法が提案され，図学は「ものづくり」に必要不可欠な技術として再認識されています。

本書はこれらの背景を考慮し，手描き図学と情報図学のバランスを考慮しながら，平面と立体に関する十分な知識を身に付けたうえで，平面と立体の間を相互に行き来できる技術を学べるような内容としています。なお，著者は全員建築学を専門としていますが，一般的な図学で必要な内容はすべて網羅するよう配慮しています。

本書の執筆に当たって著者による打ち合わせを何度も行いましたが，一番議論を重ねたのは「正投象」という言葉の意味についてでした。これまでの図学の教科書では，正投象は複面投象と同義で扱われてきました。しかし3次元CAD／CGが一般化したことで，これまでの投象の概念を見直したほうがわかりやすいのではという議論になりました。たとえば単面投象としての正投象は，垂直投象（平行投象で投射線が投象面と垂直）であり，かつ図形を構成する直交3軸が投象面と平行もしくは垂直となります。しかし，複面投象で図形を表現・分析する場合の正投象は，必ずしも「図形を構成する直交3軸が投象面と平行もしくは垂直」とは限りません。むしろ，線分や三角形の投象で，投象面と平行ではないものが例として取り上げられることが多いです。こうなると，投象の分類としては，正投象と軸測投象の区別がなくなってしまいます。著者らが最終的に到達した認識は，単面投象としての「正投象」と複面投象としての「正投象」では意味が異なる，というものです。もちろん，軸が投象面に垂直・平行の場合の正投象は軸が1つ消えてしまうため，複面で用いることで初めて立体図形の情報を十分に伝えることができるわけですが，間取り図のように単面で用いられるケースもあります。そこで本書では,「垂直投象であり，かつ図形を構成する直交3軸が投象面と平行もしくは垂直」となる投象を正投象と定義したうえ，複面で図形の表現・分析を行う場合には，できるだけ正投象という言葉を用いないこととしました。この点は一般の図学の教科書と大きく異なる点であり，本書の利用に際して留意頂ければ幸いです。

本書の執筆のきっかけは，著者の一人が2013年3月に京都大学で開催された数学系のイベント「数学ソフトウェアとフリードキュメント」で講演し，その際に共立出版の大越隆道氏にお目にかかったことに遡ります。3年後の2016年3月に大越氏と打ち合わせを行い図学の教科書を執筆することとなり，著者で一堂に会して最初の打ち合わせを行ったのが 2017 年 9 月であり，そこから出版まで正味 2 年半を費やすこととなりました。その間，執筆が円滑に進まなかった時期もありましたが，根気よく付き合って下さった大越氏，および大谷早紀氏に深く感謝いたします。

なお，著者のうち，榊は第 1 章の執筆にあたって，日本図学会編『美の図学』，細矢治夫先生（お茶の水女子大学名誉教授）・宮崎興二先生（京都大学名誉教授）編『多角形百科』を特に参考にさせて頂き，図学の面白さと奥深さを改めて学びました。著者の皆様に深く感謝いたします。鈴木は，図学の世界に導いて下さった故三木信博先生（大阪市立大学元教授）に深く感謝いたします。また，図版や模型写真の利用を快諾下さった宮崎興二先生（前述），及び岡本真梨子氏と伏見公輔氏（模型製作時は神戸大学大学院工学研究科大学院生）にも深く感謝いたします。株式会社ニテコ図研の田中龍志氏には図版の作成でサポートいただいた。阿部，橋寺らは第 3，4 章の執筆にあたり吉田勝行先生（大阪大学名誉教授）の講義ノートを参考にさせていただきました。また，故山田幸一先生（関西大学元教授）・宮崎興二先生（前述）の著作『図学精義』は出版から半世紀近く経ちますが，こちらも今回の執筆に参考にさせていただきました。深く感謝いたします。安福は，日頃より今後の図学について有益なご助言をいただいている吉田勝行先生（前述）に感謝いたします。最後になりましたが，学術講演や国際会議の場を通して，著者らの図学の知識や技術を向上させて下さった日本図学会の方々に深く感謝いたします。

2020 年 1 月

著者一同

目　次

1 平　面

私たちが暮らす空間はさまざまな立体図形や平面図形によって構成され，彩られている。また，自然界の現象や生物には合理的で美しい形が多く見られ，学ぶところが大きい。私たちの暮らしをより豊かにするには，これらの図形に対する理解が重要である。本章では，2 次元上に展開される平面図形に注目し，基本的な図形の性質と作図方法について，身近な事例を交えて解説する。

1.1　図形を構成する基本的な要素

1.1.1　点

点は位置のみをもち，大きさをもたないため，実体がなく，本来は目には見えない概念的なものである。しかし，目に見えないままでは扱いづらいため，円などの図形を割り当てて点の位置を明確に示すことで視覚的にわかりやすく表現するのが一般的である。

図 1-1 のように，空間に単独で存在する点だけでなく，直線の始点や終点，多角形の頂点，円の中心点，2 直線の交点など，図形の中にもさまざまな点が現れる。

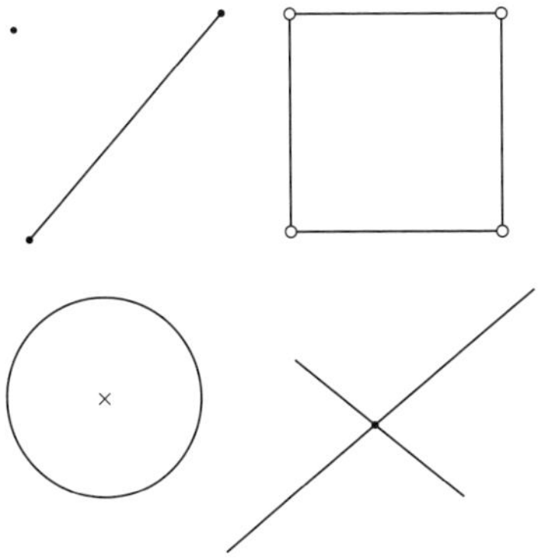

図 1-1　さまざまな点

1.1.2　線

線は点が移動した軌跡であり，方向・長さ・形をもつが幅をもたないため，点と同じく，目に見えない概念的なものである。しかし，線の存在を視覚的に伝えるために，太さを割り当てて表現されることが一般的である。

点の移動方向が一定の場合，その軌跡は直線となり，それ以外の場合は曲線となる（図 1-2）。

図 1-2　直線と曲線

1.1.3　面

面は線が移動した軌跡である。移動する線を母線，移動条件を与える線を導線といい，母線が導線に沿って移動することで面が生成される。

図 1-3 のように，母線と導線が直線で，母線が平行移動して面が形成される場合，その軌跡は平面となり，それ以外の場合は曲面となる。曲面については第 2 章で詳しく説明する。

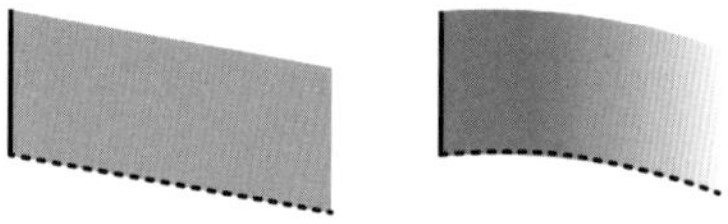

図 1-3　母線（実線）と導線（破線）から生成される平面（左）と曲面（右）

1.2　多角形

1.2.1　多角形

多角形とは，平面上にある 3 本以上の線分（つまり辺）で囲まれた平面図形である。頂点には 2 本の辺で挟まれた角（内角）ができる。この角の数が n の場合，その多角形を n 角形という（図 1-4）。多角形は構成する辺の曲がり方や内角の大きさなどの組み合わせによって，さまざまな姿となる。

図 1-5 に多角形のさまざまな姿を示す。まず，辺の曲がり方に着目すると，各辺が直線か曲線かによって，その姿は異なる。「多角形」と聞いて思い浮かべるのは，各辺が直線で構成された端正で力強い多角形であろう。一方，各辺が曲線で構成された多角形は，「曲線多角形」と呼ばれ，優美な姿をしている。各辺の曲線を外側に凸に描くと花のように，内側に凸に描くと傘のように，美しい形となる。

次に内角の大きさに着目すると，内角がすべて 180 度未満の多角形を「凸多角形」といい，内角の少なくとも 1 つが 180 度を超える多角形を「凹多角形」という。図 1-6 に凸多角形と凹多角形を示す。凹多角形は，構成する各辺を延長すると他の辺と交わる特徴をもっている。

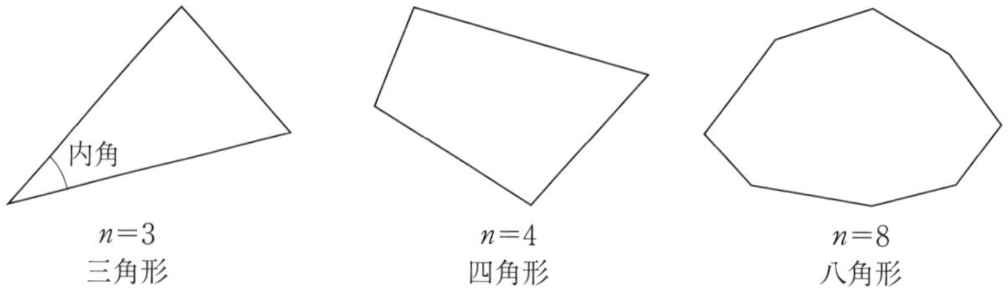

図 1-4　n 角形

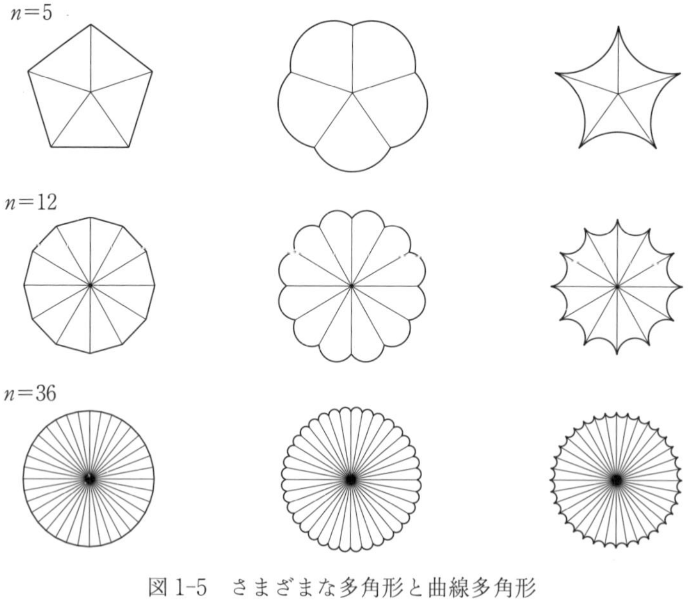

図 1-5　さまざまな多角形と曲線多角形

1.2.2　正多角形

正多角形とは，すべての辺の長さとすべての内角の大きさが等しい凸多角形である。

図 1-7 に正多角形の例を示す。正多角形はすべての辺に接する内接円とすべての頂点を通る外接円をもつという特徴がある。辺の数が増えるほど，形が円に近づいていく（コラム「円形度」を参照）。

正多角形の中には，実は正七角形や正九角形など，コンパスと定規では正確に描くことができないものが存在する。その場合は近似的方法を用いて作図する（1.5.2 項を参照）。

◎事例　ペンタゴン（アメリカ）

1.2.3　星形正多角形

正多角形のうち，n が 5 以上の正 n 角形の各辺を延長すると，別の辺の延長線と交わり，星形を作ることができる。この星形はさらに大きな正 n 角形に内接するという特徴をもつ。

図 1-8 に正五角形と正六角形の各辺を延長して描いた星形を示す。正五角形から描いた星形は辺がひとつながりとなっており，一筆書きで描くことができる。このようなひとつながりの星形を星形正 n 角形と呼ぶ。一方，正六角形から描いた星形は 2 個の正三角形に分解できることがわかる。このような正多角形に分解できる星形を複合正多角形と呼ぶ。

星形正多角形と複合正多角形を描くには，辺を延長する方法の他に，もう 1 つ方法がある。それは正多角形の頂点を結んで描く方法である。正 n 角形を構成する n 個の頂点を m 個ごとに結ぶと，星形正多角形もしくは複合正多角形を描くことができる。図 1-9 にこの方法で描いた星形正多角形と複合正多角形の例を示す。n 個の頂点に対して m 個ごとに頂点を結んで描かれた星形正 n 角形は，シュレーフリ記号 $\{n/m\}$ で表す。例えば，図 1-8 で描かれた星形正五角

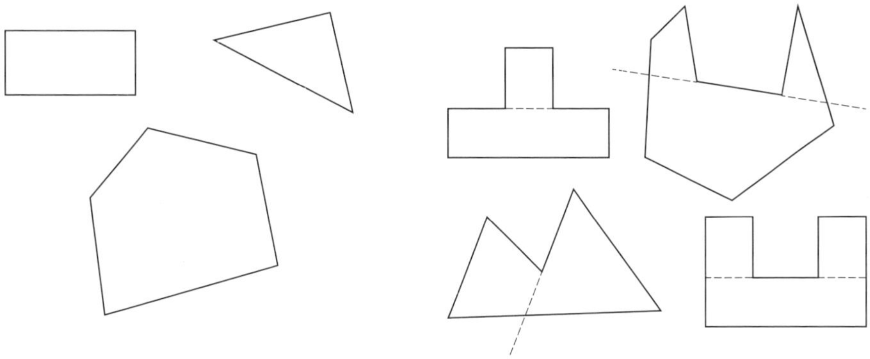

図 1-6　凸多角形と凹多角形

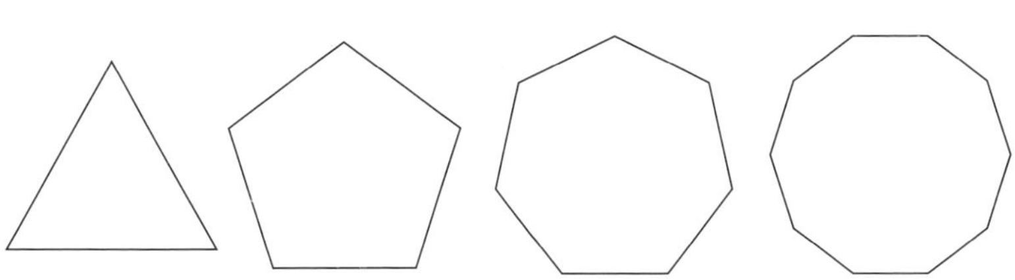

図 1-7　さまざまな正多角形

形は，5個の頂点を2個ごとに結んで描かれているため，{5/2} と表される。この図形は，各辺の長さに黄金比が多数現れる特徴があり，大変美しい図形として知られている。たとえば，対角線 AC と AE は交点 F において黄金分割されており，一辺 AB の長さと対角線 AC の長さは黄金比となっている（コラム「プロポーション」参照)。

◎事例　五稜郭（日本，函館）

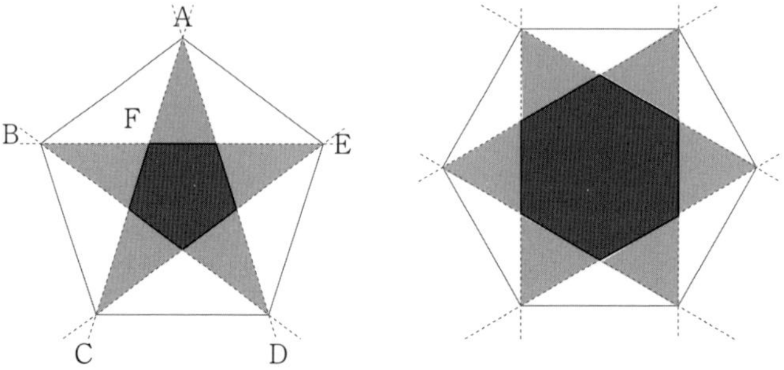

星形正五角形　　複合正多角形

図 1-8　正五角形から描く星形正五角形と正六角形から描く複合正多角形

n \ m		2	3	4
3	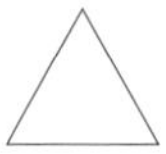			
4				
5	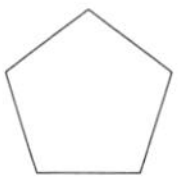	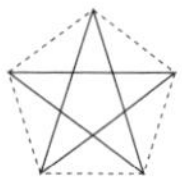		
6	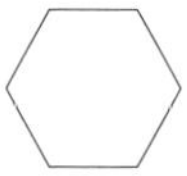	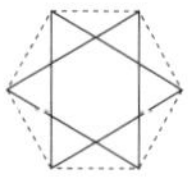		
7	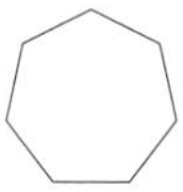	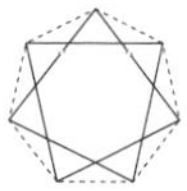	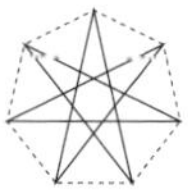	
8	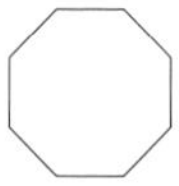	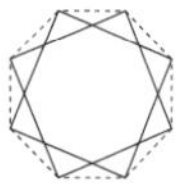	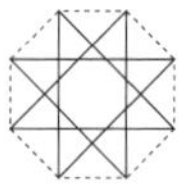	
9	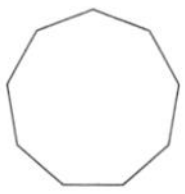	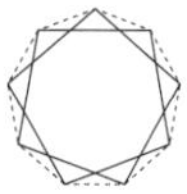		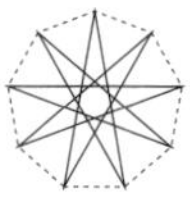

図 1-9　正多角形から描く星形正多角形と複合正多角形

◆コラム◆　プロポーション

私たちの周りには，美しい形のものが溢れている。美しさを感じる理由の１つに，形のプロポーションがある。図 1-10 に，私たちがよく利用している主な矩形のプロポーションを示す。

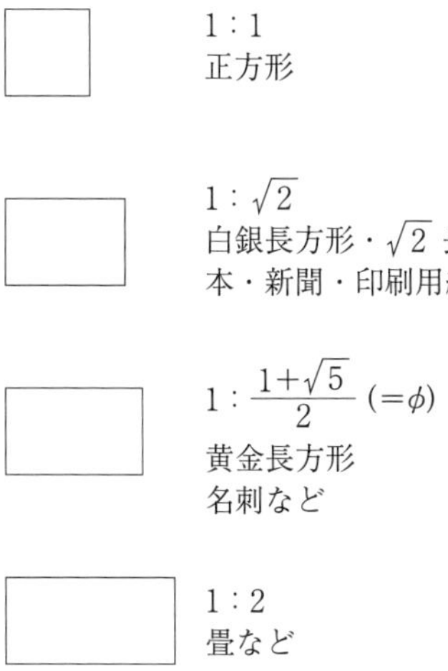

図 1-10　矩形の主なプロポーション

もっとも身近なプロポーションは1：1の正方形であろう。簡潔で美しく，また合理的な形をしている。

$1:\sqrt{2}$ $(1:1.414\cdots)$ の比率は白銀比と呼ばれている。この比率の矩形を白銀長方形，または $\sqrt{2}$ 長方形という。白銀長方形は，半分，またその半分に折るたびに面積が半分の白銀長方形ができ，折っても折っても同じ美しいプロポーションを保持するという特徴をもつ（図 1-11）。

このため，私たちが日常的に使用している本やノート，印刷用紙などに使われており，これらの大きさは「A4」「B5」などと呼ばれている。実際これらは A 判，B 判の白銀長方形である。面積が約 1 m^2 である白銀長方形を A0 判（841 mm×1189 mm），面積が約 1.5 m^2 である白銀長方形を B0 判（1030 mm×1456 mm）と呼び，それぞれ半分に折るごとに，A1, A2, A3 や，B1, B2, B3 と小さなサイズになっていく。

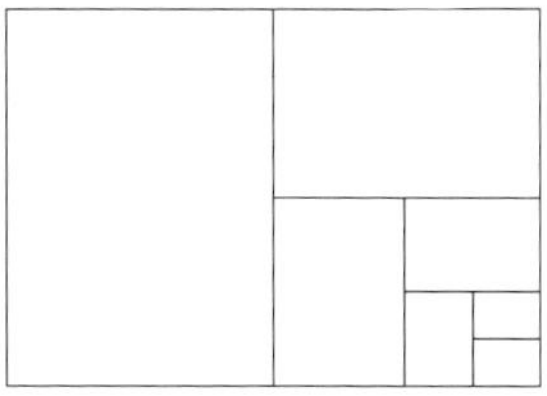

図 1-11　白銀長方形の分割

$1:\dfrac{1+\sqrt{5}}{2}$ $(1:1.618\cdots=\phi)$ の比率は黄金比と呼ばれている。その美しさから，古来より研究され，さまざまな場面で使われてきた。縦横比がこの黄金比である矩形を黄金長方形という。黄金長方形は多くの場所で見られ，たとえば一般的な名刺に使われている。黄金長方形を例として黄金比の特徴を説明すると，短辺 A と長辺 B の長さの比が，長辺 B と全体 A＋B の長さの比と等しくなる。つまり，A：B＝B：A＋B となる。また，黄金長方形の短辺を一辺とする正方形を切り取ると，残った長方形が再び黄金長方形となっている（図 1-12）。

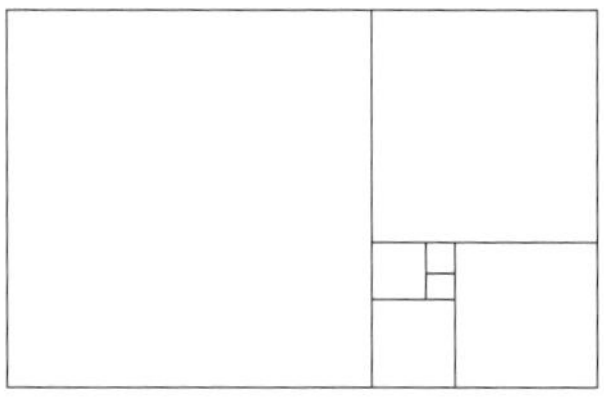

図 1-12　黄金長方形の分割

◎黄金比の事例　パルテノン神殿（ギリシャ），ル・コルビジェのモデュロール

◆コラム◆　円形度

円形度とは，図形の形状がどれくらい円に近いのかを示す値であり，形状の複雑度と捉えることができる。

図 1-13 にさまざまな図形の円形度を示す。図形の面積を S，周長を L とすると，

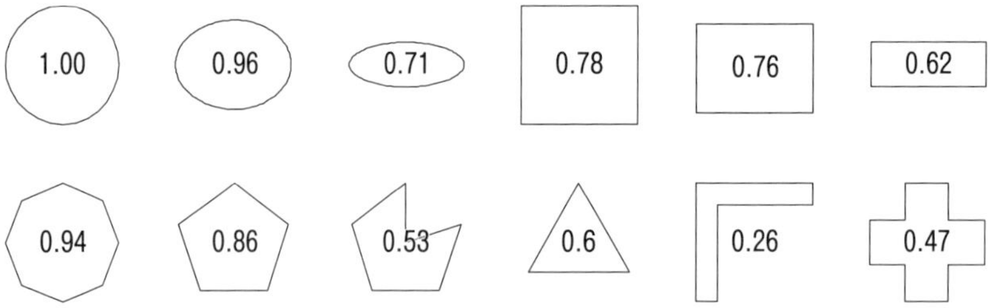

図 1-13　さまざまな図形の円形度

図 1-14　身近にある円錐曲線

$$円形度 = \frac{4\pi S}{L^2}$$

で定義され，円に近づくほど1に近い値となる。この式から，同じ面積の図形と比較して，円は周長が短く，効率的な形であるといえる。

1.3　曲線

1.3.1　円錐曲線

円錐を平面で切断したとき，その切り口に現れる曲線を円錐曲線という。円錐曲線は，私たちが生活するさまざまな場面で出会う身近な曲線である（図 1-14）。

円錐曲線は円錐の底角 θ と，水平面に対する切断面の傾き（水平傾斜度）α との関係によって（図 1-15），次のように3種類の曲線になる（図 1-16）。

$\alpha < \theta$ のとき：楕円

$\alpha = \theta$ のとき：放物線

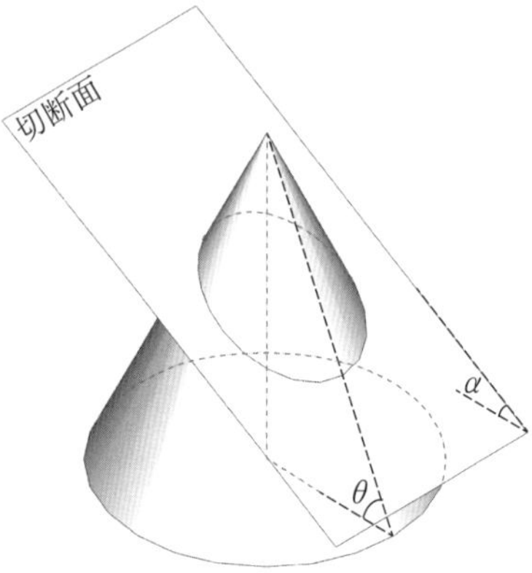

図 1-15　円錐の底角 θ と切断面の水平傾斜角度 α との関係

$\alpha > \theta$ のとき：双曲線

ただし，$\alpha=0$ のときは楕円の特別な例として，円となる。

(a) 楕円

楕円は，水平面に対する切断面の傾き α が，円錐の底角 θ よりも小さい場合（$\alpha<\theta$）の切り口に現れる円錐曲線である（図 1-16 (i)）。ただし，$\alpha=0$ のときは，楕円の特別な例として，

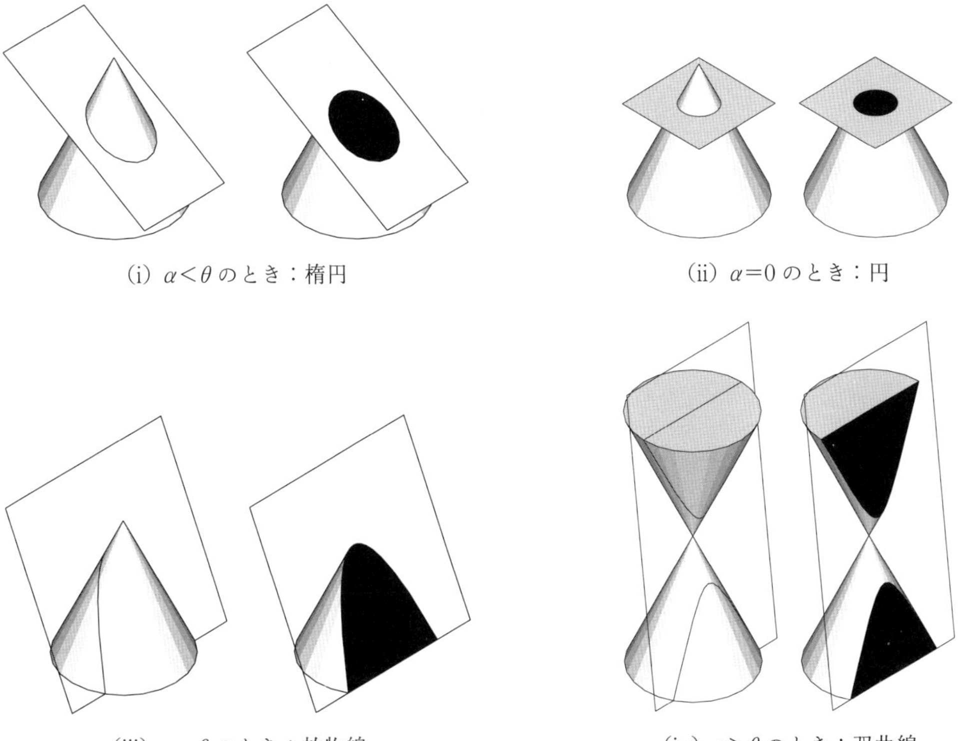

(i) $\alpha<\theta$ のとき：楕円　(ii) $\alpha=0$ のとき：円

(iii) $\alpha=\theta$ のとき：放物線　(iv) $\alpha>\theta$ のとき：双曲線

図 1-16　円錐曲線

正円となる（図 1-16（ii））。イタリアに残る古代ローマ時代の闘技場コロッセオは，平面が楕円形であることが知られている（図 1-14 左）。

◎性質

図 1-17 に楕円の性質を示す。点 P が定点 F_1, F_2 からの距離の和を一定に保ちながら動いた軌跡が楕円である。このとき，F_1, F_2 を焦点という。つまり，楕円は「2 焦点 F_1, F_2 からの距離の和が一定（$=2a$）」という性質をもっている。また，A_1A_2 を長軸，B_1B_2 を短軸と呼ぶ。

図 1-18 に，もう 1 つの楕円の性質を示す。楕円上の任意の点から 2 焦点を見込む角の 2 等分線はこの点における法線となる。図 1-19 に，この性質を利用して光を集める方法を示す。一方の焦点に光源を置くと，楕円上で正反射され，すべての光をもう一方の焦点に集めることできる。この特徴が「焦点」（光が集まり，そこに物を置くと焦げる点）の由来となっている。

◎方程式

図 1-18 のように長軸を x 軸，短軸を y 軸とすると，楕円の方程式は

$$\frac{x^2}{a^2}+\frac{y^2}{b^2}=1,$$

焦点 $F_1(-k, 0)$，$F_2(k, 0)$ の座標は

$$k=\sqrt{a^2-b^2}$$

と表される。

媒介変数表示では

$$x=a\cos\theta$$
$$y=b\sin\theta$$

と表される。

◎事例　コロッセオ（イタリア）

(b) 放物線

放物線は，水平面に対する切断面の傾き α が円錐の底角 θ と等しい場合（$\alpha=\theta$）の切り口に現れる円錐曲線である（図 1-16（iii））。その名

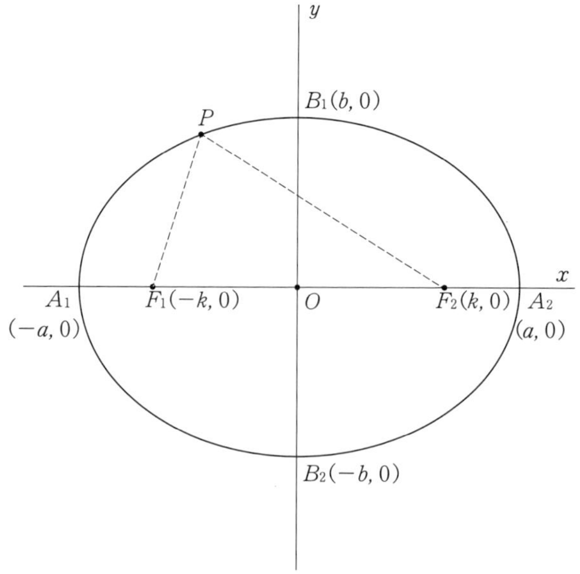

図 1-17　楕円の性質（2 焦点 F_1, F_2 からの距離の和が一定＝$2a$）

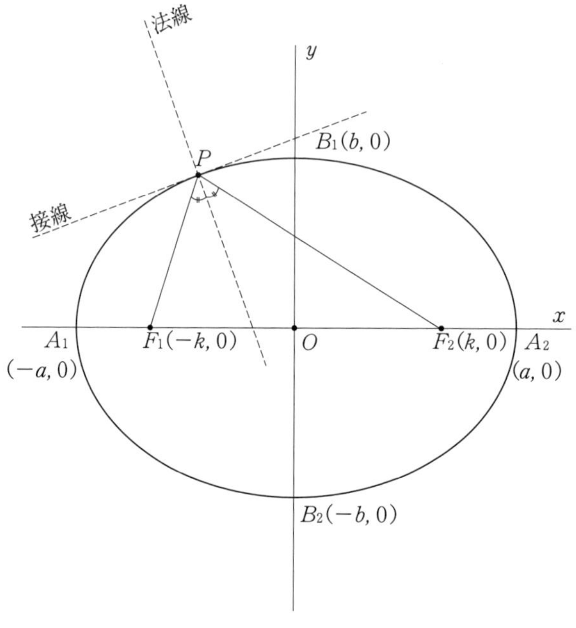

図 1-18　楕円の性質（角の 2 等分線が法線となる）

のとおり，「放」たれたボールなどの「物」は放物線を描きながら動くことが知られている。

◎性質

図 1-20 に放物線の性質を示す。直線 LM からの距離（NP）と定点 F からの距離（PF）が常に等しくなるように動いた点 P の軌跡が放物線である。このとき，直線 LM を準線，F を焦点と呼ぶ。つまり，放物線は「準線と焦点からの距離が等しい」という性質をもつ。

図 1-21 に，放物線を使用した光や音の制御装置の仕組みを示す。たとえば光の場合，焦点から出た光を放物線で反射すると，入射角と反射角が等しくなるという性質がある。つまり，

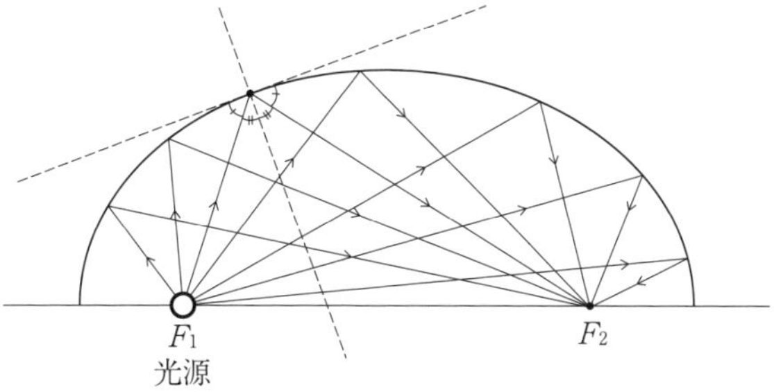

図 1-19　楕円の性質を用いた集光

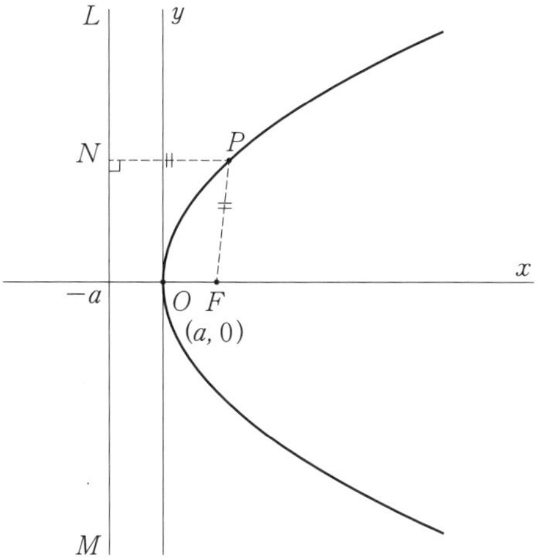

図 1-20　放物線の性質（準線 LM と焦点 F からの距離が等しい）

焦点から出たすべての光線を放物線で反射すると平行光線になる。逆に，平行に放物線に入射した光を焦点に集めることができる。この性質を使用して，放物線は懐中電灯や自動車のヘッドライト，集音レーダー（聴覚レーダー）やパラボラアンテナなどに使用されている。パラボラは英語で parabola と書き，放物線という意味である。

◎方程式

図 1-20 のように準線 LM に平行で頂点 O を通る直線を y 軸，焦点 F を通り LM に垂直な直線を x 軸，焦点 F の座標を $(a, 0)$ とすると，放物線の方程式は

$$y^2 = 4ax,$$

準線の方程式は

$$x = -a$$

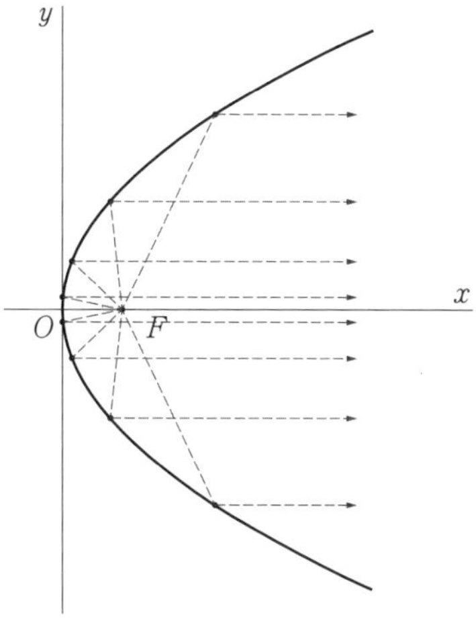

図 1-21　放物線による光や音の制御

図 1-22　鉛筆に現れる双曲線

と表される。

◎事例　聖女テレサ学院（スペイン）

(c) 双曲線

双曲線は，水平面に対する切断面の傾き α が円錐の底角 θ よりも大きい場合 $(\alpha > \theta)$ の切り口に現れる円錐曲線である（図 1-16 (iv)）。六角形の鉛筆を鉛筆削り器で削ったときに現れる曲線は双曲線である（図 1-22）。

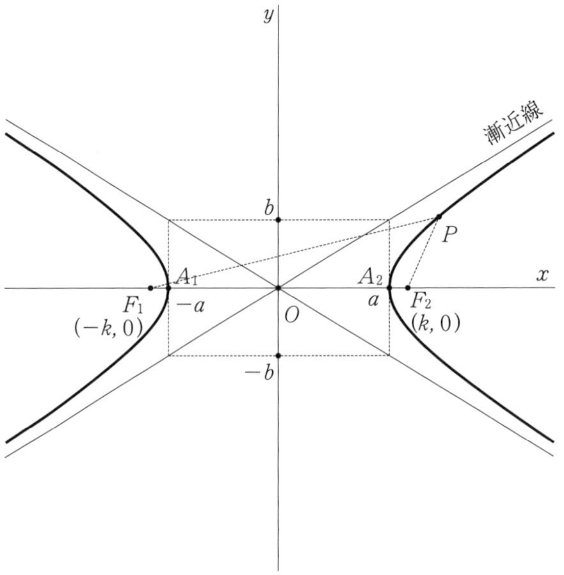

図 1-23　双曲線の性質（2つの焦点からの距離の差が一定＝$2a$）

◎性質

図 1-23 に双曲線の性質を示す。2つの定点 F_1, F_2 からの距離の差が常に一定 $(2a)$ になるように動いた点 P の軌跡が双曲線である。このとき，定点 F_1, F_2 を焦点，F_1F_2 の中点 O を中心，A_1, A_2 を双曲線の頂点，x 軸を双曲線の主軸と呼ぶ。つまり，双曲線は「2焦点からの距離の差が一定 $(=2a)$」という性質をもつ。

双曲線は2本の漸近線をもつ。漸近線とは，曲線上の点が無限に遠くへ移動するにつれて，その点からの距離が限りなく0に近づくが，その曲線とは決して交わらない直線である。

◎方程式

図 1-23 のように主軸を x 軸，中心 O を通る主軸に垂直な直線を y 軸とすると，双曲線の方程式は

$$\frac{x^2}{a^2}-\frac{y^2}{b^2}=1,$$

漸近線の方程式は

$$y=\pm\frac{b}{a}x,$$

焦点 $F_1(-k, 0)$，$F_2(k, 0)$ の座標は

$$k=\sqrt{a^2+b^2},$$

と表される。

媒介変数表示では

$$x=\frac{a}{\cos\theta}$$

$$y=b\tan\theta$$

と表される。

◎事例　ブラジリア大聖堂（ブラジル）

1.3.2　その他の曲線

(a)　懸垂線（カテナリー曲線）

糸や鎖の両端を手で持ってたるませたとき（図 1-24），糸や鎖の描く曲線が懸垂線（カテナリー曲線）である（図 1-25）。カテナリー曲線は鎖を意味するラテン語 catena に由来する。力学的に安定した形であるため，橋や建築物のアーチなどに見ることができる。

◎方程式

$$y=a\left(\frac{e^{\frac{x}{a}}+e^{-\frac{x}{a}}}{2}\right)=a\cosh\frac{x}{a}$$

図 1-24　鎖が描く懸垂線

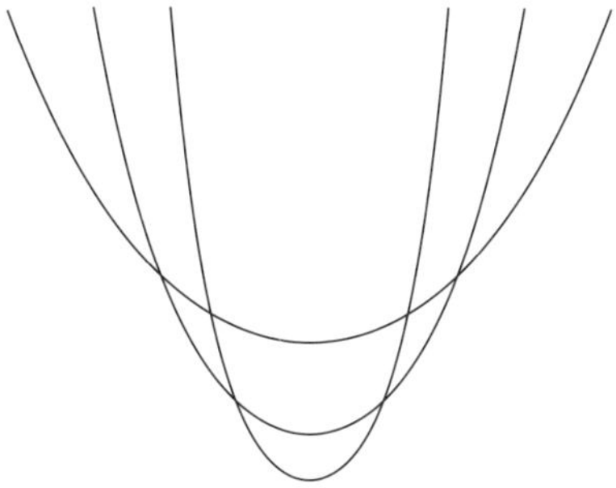

図 1-25　懸垂線

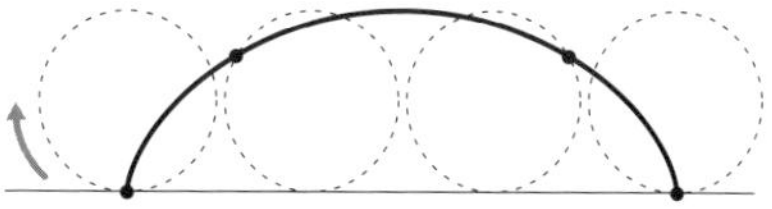

図 1-26　サイクロイド

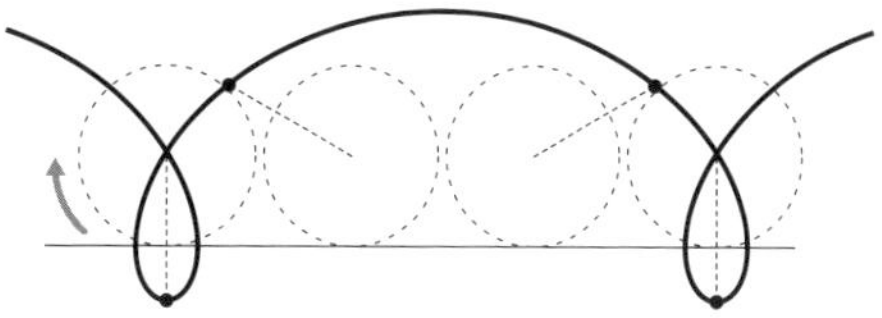

図 1-27　トロコイド

◎事例　ワシントン・ダレス国際空港（アメリカ）

(b)　サイクロイド・トロコイド

平坦な道をサイクリングする自転車のタイヤに目印をつけたとき，この目印が描く軌跡をサイクロイドという（図 1-26）。つまり，サイクロイドとは，円（転円）が直線に接しながら，すべることなく転がるとき，円周上の点が描く軌跡である。最速降下曲線とも呼ばれ，ジェットコースターのレールの加速部分などに使われている。

また，円周上にない点が描く軌跡をトロコイドという（図 1-27）。そのうち，転円の外にある点が描く曲線を高トロコイド，転円の内にある点が描く曲線を低トロコイドという。図 1-27 のトロコイドは，高トロコイドの例である。

◎方程式

サイクロイドは，回転円の半径を a，回転角を θ とすると，

$$x = a(\theta - \sin\theta)$$
$$y = a(1 - \cos\theta)$$

と表される。

一方トロコイドは，回転円の中心から点までの距離を b とすると，

$$x = a\theta - b\sin\theta$$
$$y = a - b\cos\theta$$

と表される。

さらに，転円が直線上ではなく，他の円（導円）の内側に接しながら転がるときのサイクロイドを内転サイクロイド，導円の外側に接しながら転がるときのサイクロイドを外転サイクロイドという（図 1-28）。

そして内転サイクロイドのうち，転円の半径が導円の半径の 1/4 のときはアステロイドという曲線となる（図 1-29）。

◎サイクロイドの事例　キンベル美術館（アメリカ）

(c)　らせん

「らせん」は漢字で「螺線」あるいは「螺旋」と書く。「螺」は「ラ」「にし」「つぶ」などと読

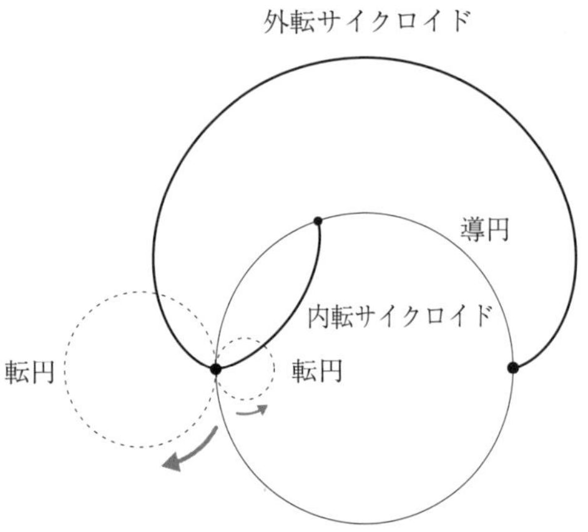

図 1-28　内転サイクロイドと外転サイクロイド

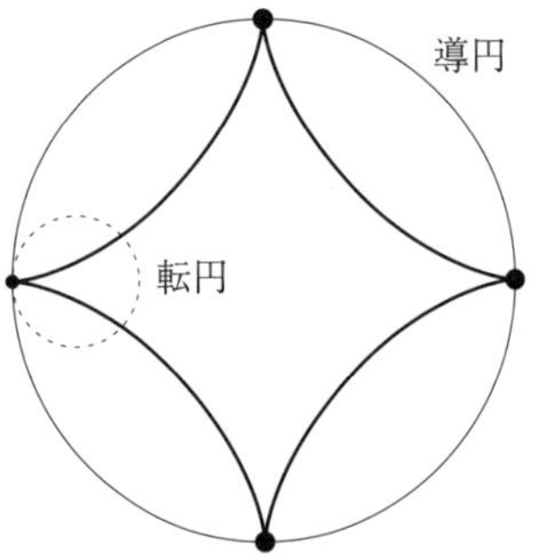

図 1-29　アステロイド

図 1-30　蚊取り線香に表れるらせん（左）と朝顔の蔓に表れるらせん（右）

み，栄螺（サザエ）や田螺（タニシ）などの巻き貝の名前にも使われている漢字である。

らせんと呼ばれる曲線には，大きく分けて 2 種類ある。図 1-30 に身近な 2 つのらせんを示す。

1 つは，蚊取り線香のように平面状に広がるらせんであり，「うずまき線」と呼ばれている。もう 1 つは，朝顔などの植物の蔓のように空間内に立ち上がるらせんであり，「つるまき線」と呼ばれている。つるまき線は第 2 章で詳しく説明する。

平面曲線であるうずまき線は，蚊取り線香のように 1 点を中心に渦のように平面上でぐるぐるとまわった形をした曲線である。

図 1-31 に示すように，うずまき線は定点 O のまわりを動く点 P の軌跡であり，回転角 θ が大きくなるにつれて規則的に O から遠ざかりながら動く。図 1-32 に代表的なうずまき線を示す。

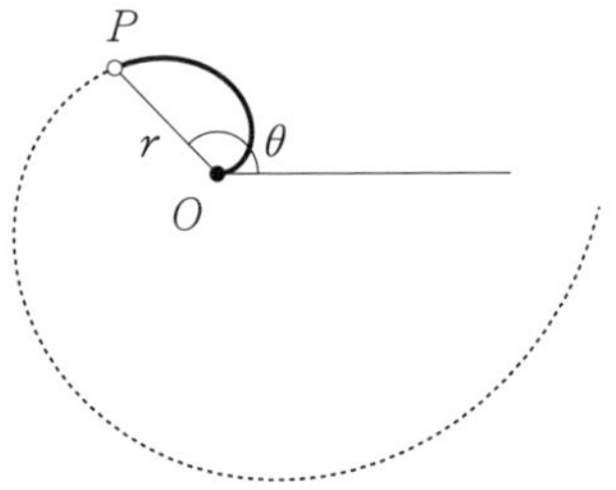

図 1-31　うずまき線

◎方程式

図 1-31 のように定点 O から動点 P までの距離を r，回転角を θ とすると

代数らせん　　$r = a\theta^n$

対数らせん　　$r = ke^{a\theta}(k > 0)$

と表される。

代数らせんのうち，$n=1$ のときがアルキメデスらせん，$n=1/2$ のときが放物らせん，$n=-1$ のときが双曲らせん，$n=-1/2$ のときがリチュウスとして知られている（図 1-32）。

1.4　平面充塡

私たちの周りを見渡すと，平面を隙間なくさまざまな図形で埋め尽くしている例を見ることができる。たとえば，畳を敷き詰めた和室，タイルで装飾した道路面，美しいアラベスク模様や日本の伝統的文様などは，さまざまな形や色の幾何学図形によって，美しく彩られている。

図形で平面を埋め尽くすには，どのような方

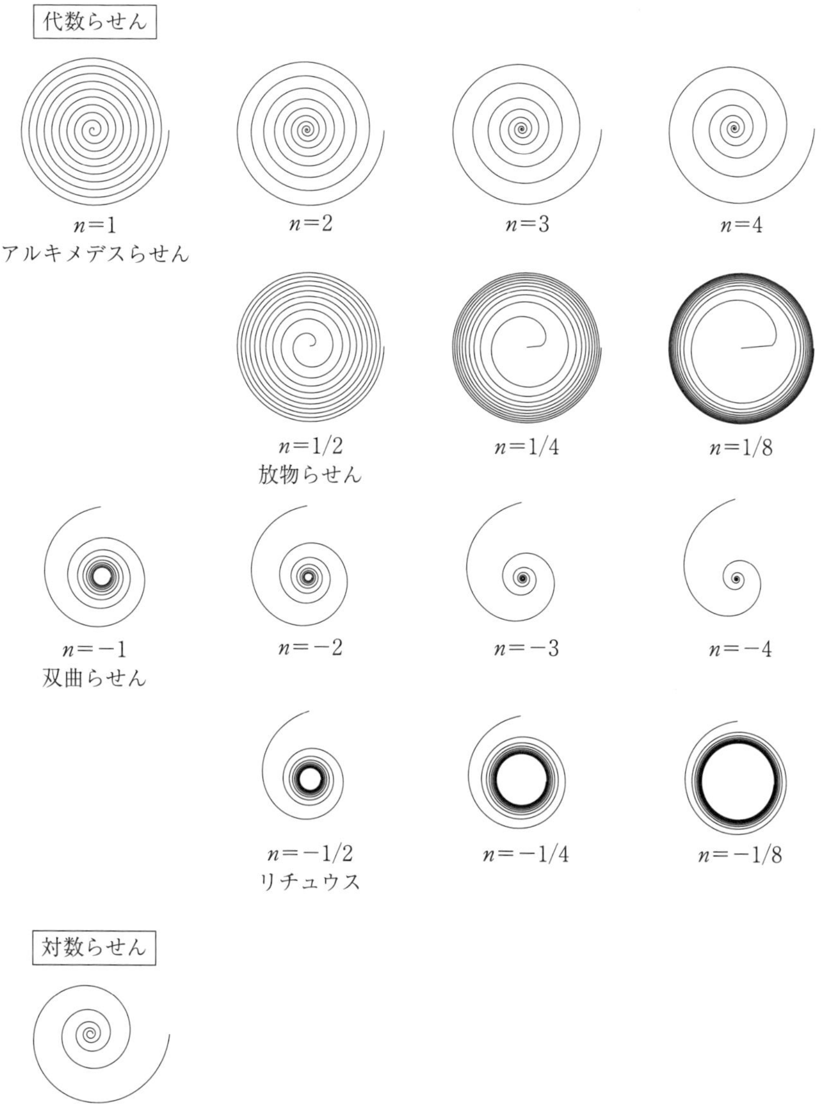

図 1-32　代表的なうずまき線

法があるのだろうか。(立体図形で空間を埋め尽くす空間充填については 2.1.8 項を参照。)

図 1-33 に，単一の正多角形によって平面を充填した 3 種類の正タイル割を示す。1 種類の正多角形で平面を埋め尽くすことができるのは正三角形，正方形，正六角形だけである。

また，それ以外の多角形を用いて平面を埋め尽くすには，頂点の和が 360 度になるように組み合わせていけばよい。たとえば，1 種類の図形だけで平面を充填する場合，三角形や四角形は内角の和がそれぞれ 180 度，360 度となるため，各頂点を合わせて配置することで平面を埋め尽くすことができる。

図 1-34 に異なる正多角形で充填した 8 種類の半正タイル割を示す。半正タイル割は，2 種類以上の正多角形で平面を充填している。

♦コラム♦　ボロノイ分割

平面を多角形に分割する方法として，ボロノイ分割が知られている。平面上に与えられた点群（母点）から多角形を生成して平面を分割す

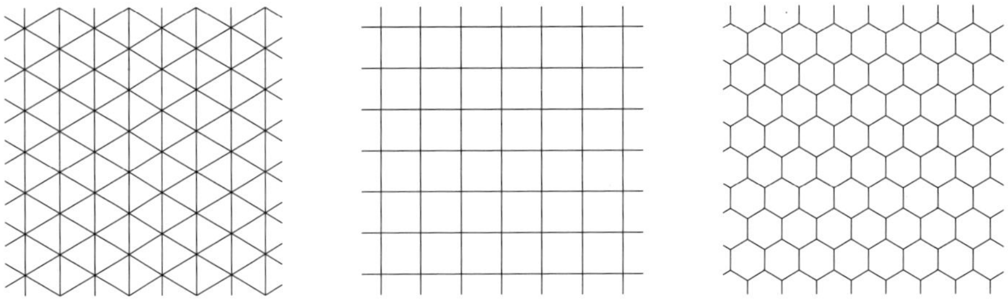

図 1-33　正多角形による平面充塡（正タイル割）

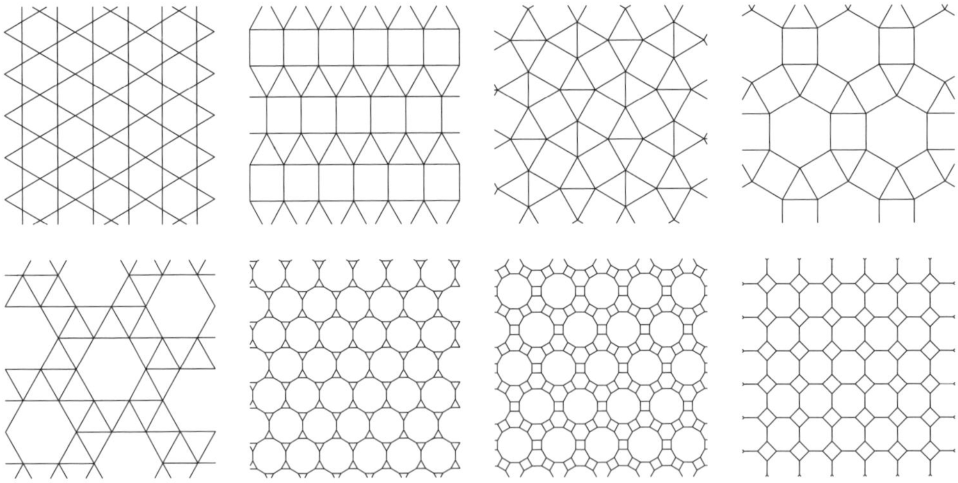

図 1-34　複数の正多角形による平面充塡（半正タイル割）

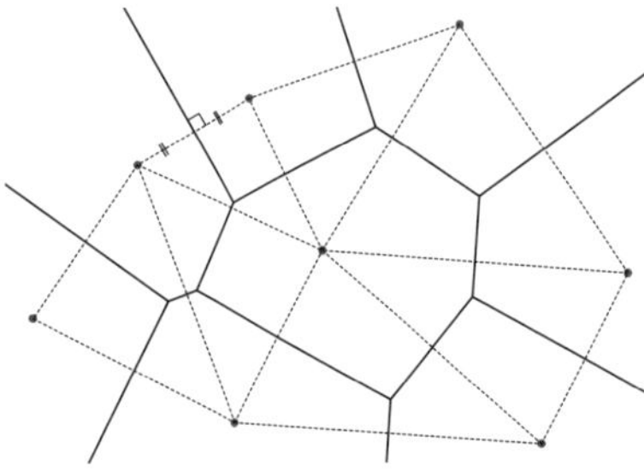

図 1-35　ボロノイ分割

る方法で，隣り合う 2 つの母点間の垂直 2 等分線をひき，それらを辺とする多角形に分ける。分割された領域は，各母点の勢力範囲となるため，生物のなわばりの予測や，店舗や公共施設の勢力圏の生成などに用いられている。

図 1-35 は，8 個の母点を用いてボロノイ分割した例である。

1.5　平面図形の作図

ここまで，さまざまな平面図形の幾何学的特徴や実例について説明してきたが，これらの平面図形を実際に活用しようとすると，作図が必要となる。

ここでは，作図の基礎と平面図形の作図法について説明する。

1.5.1　作図の基礎

(a) 直線の垂直 2 等分

直線 AB の垂直 2 等分線を描く（図 1-36）。

① 点 A と点 B を中心とする 2 つの円弧を描く。このとき，2 つの円弧は同半径とし，交点 C, D ができるように十分に大きな半径とする。

② 交点 C, D を結ぶ。

CD が AB を垂直に 2 等分する直線である。

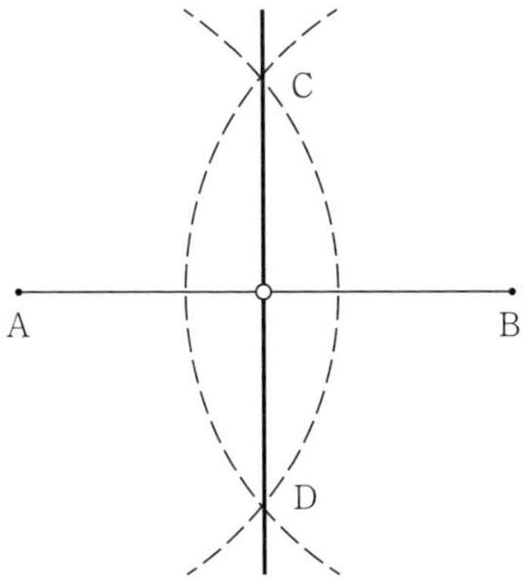

図 1-36　直線の 2 等分

(b) 直線の n 等分

直線 AB を n 等分する点を求める（図 1-37）。

① 点 A（もしくは点 B）から任意の方向に直線 AC を引く。

② 直線 AC 上に n 個の等間隔の点 c_1～c_n をとり，点 c_n と点 B を結ぶ。

③ 点 c_1～c_n を始点として線分 c_nB に平行な直線を引き，線分 AB との交点 d_1～d_{n-1} を求める。

求めた交点 d_1～d_{n-1} が線分 AB を n 等分する点である。

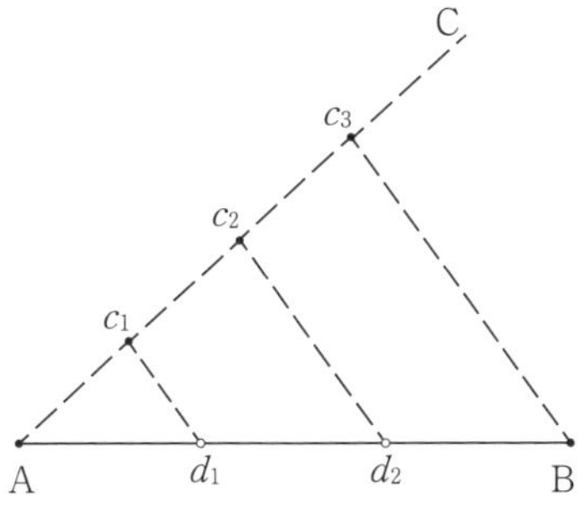

図 1-37　直線の n 等分（n=3 の場合）

(c) 平行 2 直線間の n 等分

（b）を応用すると，平行な 2 直線 AB, CD の間を n 等分する点を求めることができる（図 1-38）。

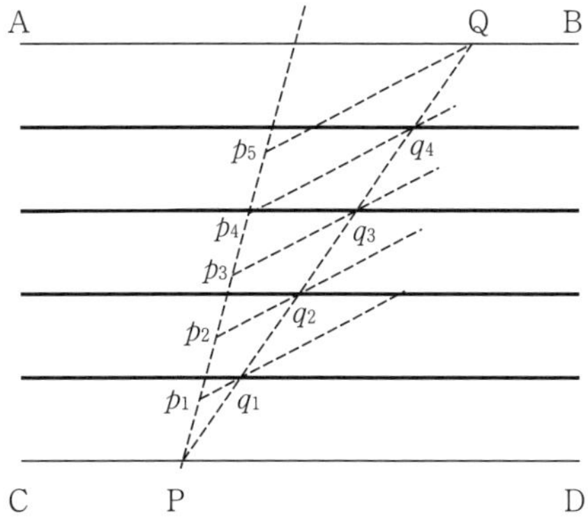

図 1-38　平行 2 直線間の n 等分（n=5 の場合）

(d) 角の 2 等分

∠AOB を 2 等分する直線を描く（図 1-39）。

① 点 O を中心に任意の半径で円弧を描く。

② 2 直線 OA, OB との交点 C, D を中心として，半径の等しい円弧を描き，交点 E を求める。

直線 OE が ∠AOB の 2 等分線である。

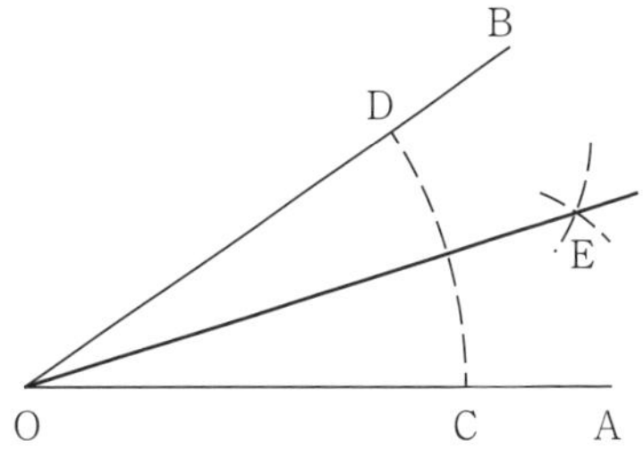

図 1-39　角の 2 等分

(e) 直角の 3 等分（近似的方法）

∟AOB を 3 等分する直線を描く（図 1-40）。

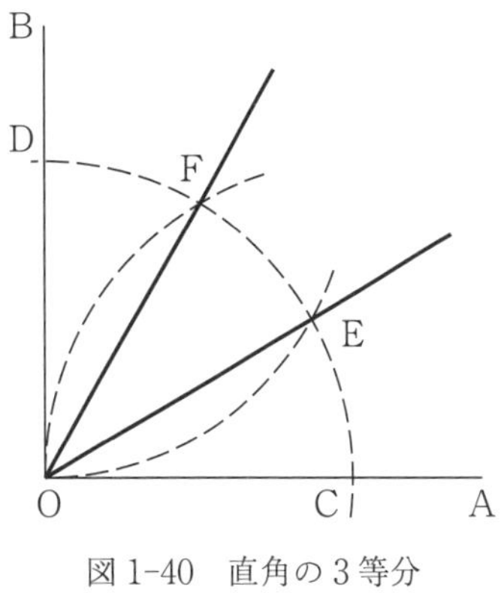

図 1-40　直角の 3 等分

① 点 O を中心に任意の半径で円弧を描く。
② 2 直線 OA, OB との交点 C, D を中心として，先の円と同じ半径で 2 つの円弧を描き，交点 E, F を求める。

直線 OE, OF が ∟AOB の 3 等分線である。

(f) 角の n 等分（近似的方法）

∠AOB を n 等分する直線を描く（図 1-41）。

① 点 O を中心に任意の半径で半円を描く。2 直線 OA, OB との交点を点 C, D とし，直線 AO の延長上での交点を点 E とする。
② 線分 CE を一辺とする正三角形を描き，頂点を点 F とする。
③ 点 F と点 D を結び，線分 CE との交点を G とする。
④ 直線 CG を n 等分する。（本項（b）を参照）
⑤ 点 F から各 n 等分する点を結ぶ直線の延長と半円との交点を求め，その点と点 O を結ぶ。結んだ線が，∠AOB を n 等分する直線である。

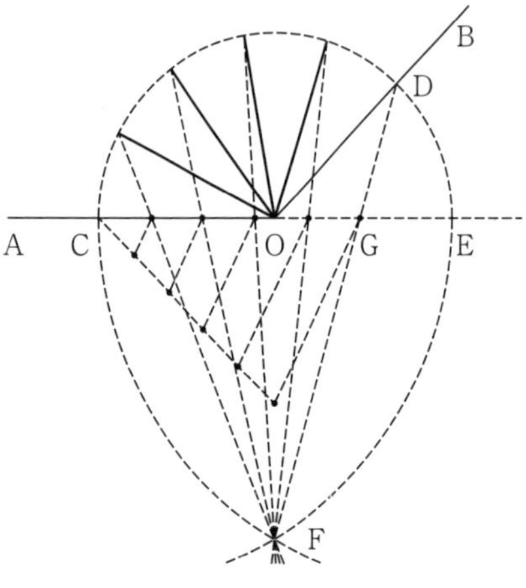

図 1-41　角の n 等分（n=5 の場合）

(g) 円周に等しい長さの線分（近似的方法）

与えられた円 O の円周と同じ長さの線分を近似的方法で作図する（図 1-42）。

① 点 A における接線上に，直径 AB の 3 倍の長さの点 E をとる。
② AB に対して 30 度をなす半径 OC を引く。
③ 点 C から AB に垂線を引いて，その交点を D とし，点 E と結ぶ。

結んだ線分 DE が，円 O の円周に等しい長さの線分である。

(h) 円周の 5 等分

与えられた円 O の円周を 5 等分する点を求める（図 1-43）。さらに，求めた点を結べば，円を外接円とする正五角形を描くことができる。

① 円 O の中心を通って，直交する直径 AB, CD を描く。
② 半径 OD の中点を M とし，点 M を中心とする半径 AM の円を描き，CD との交点を N とする。

線分 AN は，円 O に内接する正五角形の一辺の長さに一致し，これで円周を 5 等分できる。

(i) 円周の n 等分（近似的方法）

与えられた円 O の円周を n 等分する点を求める（図 1-44）。

① 円 O の直径 AB を描く。

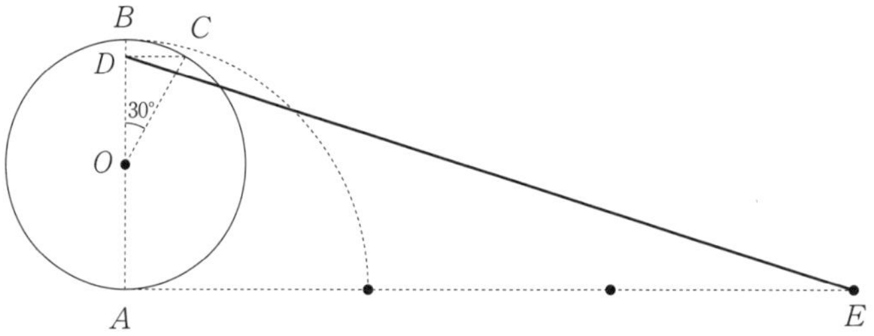

図 1-42　円周に等しい長さの線分

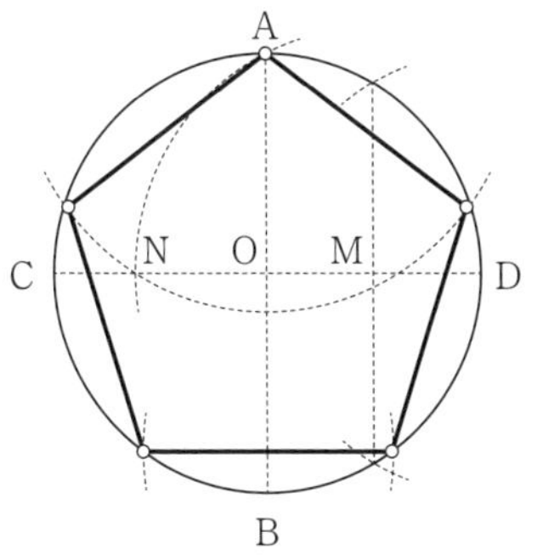

図 1-43　円周の 5 等分

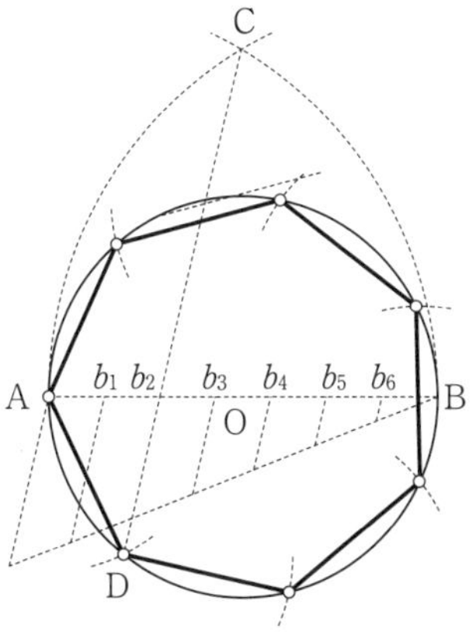

図 1-44　円周の n 等分（$n=7$ の場合）

② AB を一辺とする正三角形の頂点を C とする。

③ AB を n 等分し，点 A 側から $b_1, b_2, \cdots, b_{n-1}$ とする。

④ C と b_2 を結び，その延長と円 O との交点を D とする。

線分 AD は，円 O に内接する正 n 角形の一辺の長さに一致し，これで円周を n 等分できる。

1.5.2　多角形の作図

(a) 与えられた一辺から正五角形を描く

与えられた線分 AB を一辺とする正五角形を描く（図 1-45）。

① 線分 AB の中点 M から垂直 2 等分線を描き，AB = MC になる点 C を求める。

② AC の延長上に，CD = AM になるような点 D を求める。

③ 点 A を中心に，半径 AD の円弧を描き，MC の延長との交点を E とする。点 E は，AB を一辺とする正五角形の頂点の 1 つとなる。

④ 点 A, B, E を中心に，半径 AB の円弧を描き，交点を F, G とする。

点 A, B, G, E, F を結んだ多角形が，AB を一辺とする正五角形である。

なお，与えられた外接円から正五角形を描く方法は，1.5.1 項（h）を参照してほしい。

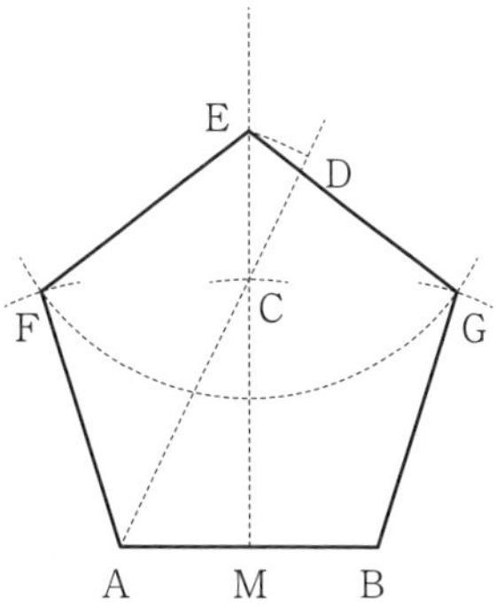

図 1-45　正五角形の作図（一辺が与えられた場合）

(b) 与えられた一辺から正 n 角形を描く（近似的方法）

与えられた線分 AB を一辺とする正 n 角形を描く（図 1-46）。

① 線分 AB を一辺とする正三角形 ABC を描く。

② AC を 6 等分し，その点を $O_1 \sim O_6 (=C)$ とする。

③ AB の垂直 2 等分線を引き，その上に $O_6O_5 = O_6O_7$，$O_6O_4 = O_6O_8$，$O_6O_3 = O_6O_9$，$O_6O_2 = O_6O_{10}$，$O_6O_1 = O_6O_{11}$，$O_6A = O_6O_{12}$ となる点 $O_7 \sim O_{12}$ を求める。これらの点 O_n は，AB を一辺とする正 n 角形の外接円の中心となる。

④ それぞれの円を AB の長さで区切ると，各円に内接する正 n 角形を作図できる。

なお，与えられた外接円から正 n 角形を描く方法は，1.5.1 項（i）を参照してほしい。

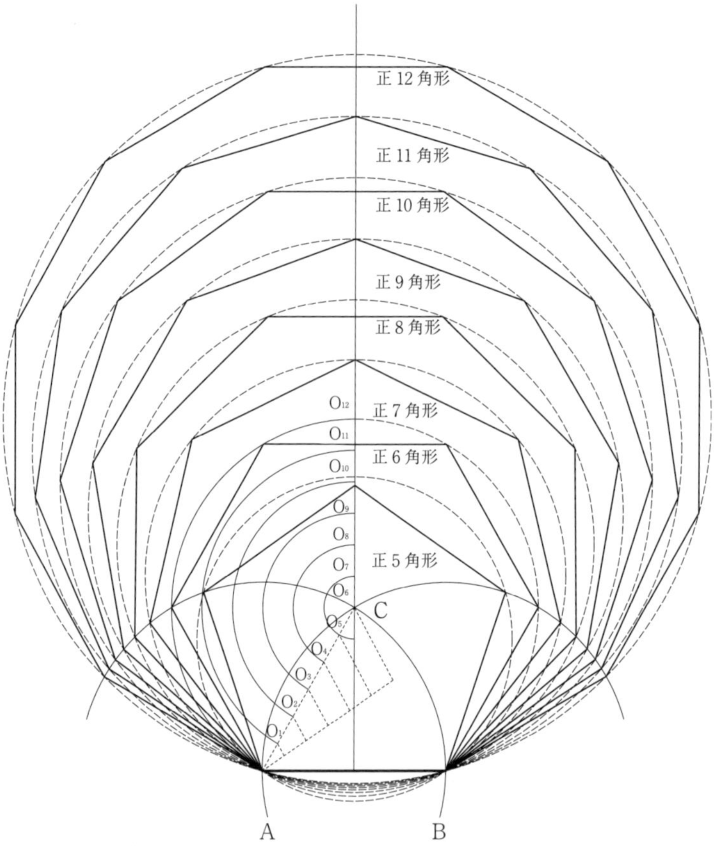

図1-46　正 n 角形の作図（一辺が与えられた場合）

(c) 白銀長方形（$\sqrt{2}$ 長方形）

正方形をもとに，短辺と長辺の比が白銀比（1：$\sqrt{2}$）である白銀長方形（$\sqrt{2}$ 長方形）を作図する（図1-47）。一辺を1とする正方形の対角線の長さが $\sqrt{2}$ であることを利用する。

① 正方形 ABCD を描く。

② 点 B を中心に対角線 BD を半径とする円を描き，BC の延長との交点を E とする。

短辺を AB，長辺を BE とする長方形が白銀長方形である。また，長辺 BE を2等分するとできる2つの長方形も白銀長方形になる。

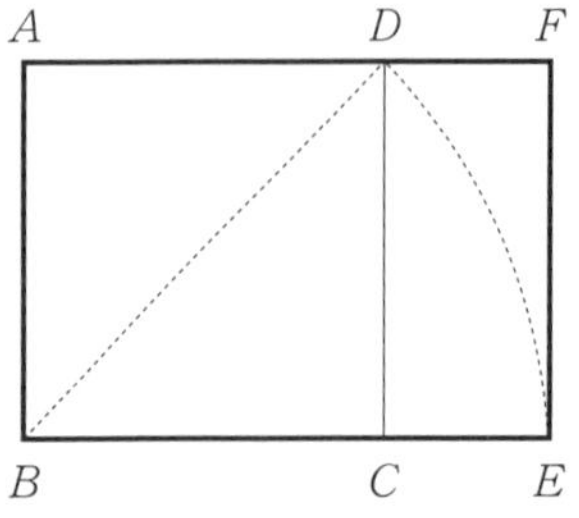

図1-47　白銀長方形の作図

(d) 黄金長方形

正方形をもとに，短辺と長辺の比が黄金比（1：$\frac{1+\sqrt{5}}{2}$=1.618033…）である黄金長方形を作図する（図1-48）。

① 正方形 ABCD を描く。

② 一辺 BC の中点 M を中心に，MD を半径とする円を描き，BC の延長との交点を E とする。

短辺を AB，長辺を BE とする長方形が黄金長方形である。同じ操作を繰り返すと，無限に相似な黄金長方形を作図することができる。その頂点を結ぶと，黄金らせん（ϕ らせん）となる（1.5.3項（g）を参照）。

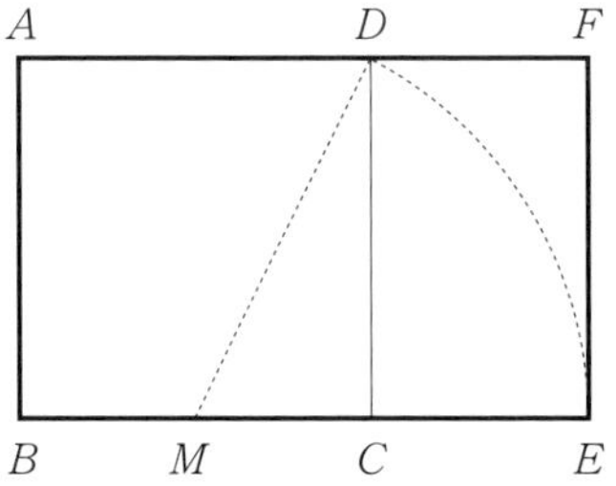

図 1-48　黄金長方形の作図

1.5.3　曲線

(a)　楕円の作図

【方法 1】楕円の性質「2 焦点 F_1, F_2 からの距離の和 $(2a)$ が一定である」を用いて楕円を描く（図 1-49）。

① 長さ $2a$ の糸を用意し，両端を 2 焦点 F_1, F_2 の位置で固定する。

② 糸を張るように鉛筆を動かす。

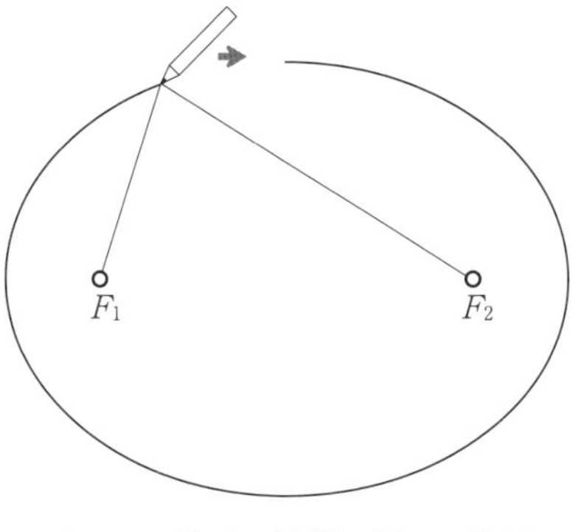

図 1-49　楕円の性質を用いた作図

【方法 2】与えられた長軸 A_1A_2，短軸 B_1B_2 から楕円を描く（図 1-50）。

① O を中心に，A_1A_2，B_1B_2 を直径とする円を描く。

② O を通る任意の直径を描き，2 つの円との交点を内側からそれぞれ P, Q とする。

③ P から長軸に平行な線，Q から短軸に平行な線を引き，その交点を R とする。R は求める楕円上の 1 点となる。

④ ②③の作図を繰り返し，点を結んだ曲線が

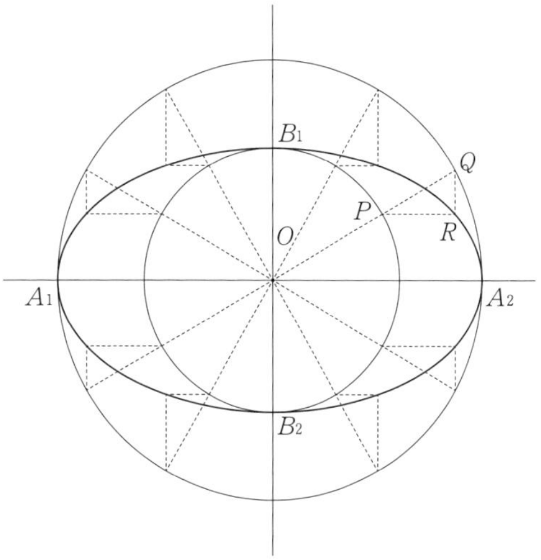

図 1-50　楕円の作図（長軸・短軸が与えられた場合）

求める楕円である。

(b)　放物線の作図

【方法 1】放物線の性質「準線と焦点からの距離が等しい」を用いて放物線を描く（図 1-51）。

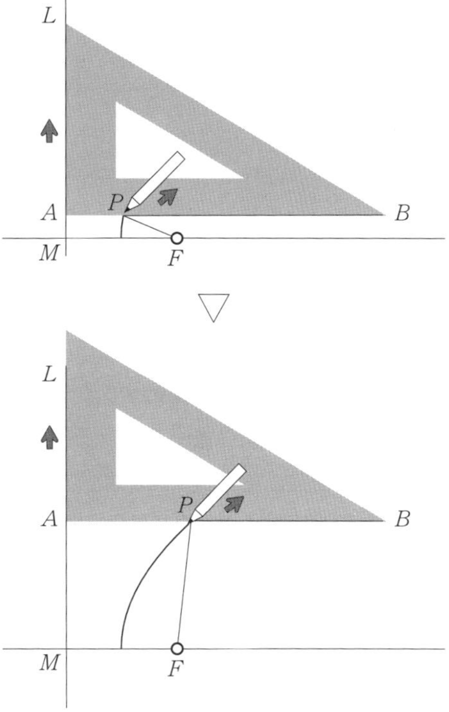

図 1-51　放物線の性質を用いた作図

① 三角定規の一辺 AB と同じ長さの糸を用意し，一方は焦点 F に固定し，もう一方は三角定規の頂点 B に固定する。

② 三角定規を直線 LM に沿って動かしながら，糸を張るように鉛筆を動かす。

【方法 2】与えられた準線 LM と焦点 F から放物線を描く（図 1-52）。

① 焦点 F から準線 LM に垂線を下ろし，交点を N とする。

② FN の中点 O をとる。O は求める放物線の頂点となる。

③ NF およびその延長上に任意の点 P をとり，LM に平行な線を引く。

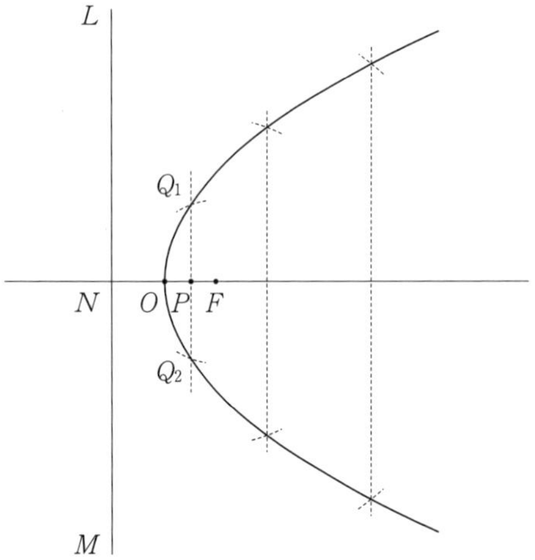

図 1-52　放物線の作図（準線・焦点が与えられた場合）

④ F を中心として，NP を半径とする円を描き，③の線との交点を Q_1, Q_2 とする。Q_1, Q_2 は，求める放物線上の点となる。

⑤ ③④の作図を繰り返し，点を結んだ曲線が求める放物線である。

(c) 双曲線の作図

【方法 1】双曲線の性質「2 焦点 F_1, F_2 からの距離の差が一定 $(2a)$」を用いて双曲線を描く（図 1-53）。

① 定規の一端を焦点 F_2 に固定し，定規のもう一端に糸を固定する。

② 糸の他端を定点 F_1 に固定し，鉛筆の先端で糸が定規に沿うように動かす。

【方法 2】与えられた焦点 F_1F_2 と頂点 A_1A_2 から双曲線を描く（図 1-54）。

① F_1F_2 上に任意の点 P をとる。

② PA_1 を半径とし，F_1 および F_2 を中心とし

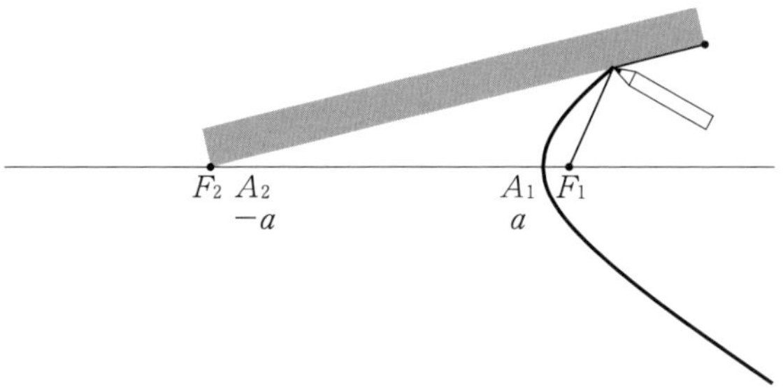

図 1-53　双曲線の作図

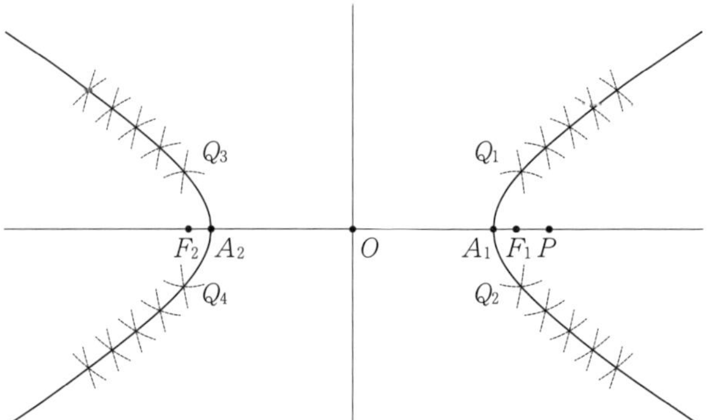

図 1-54　双曲線の作図（焦点と頂点が与えられた場合）

て円を描く。

③ PA_2 を半径とし，F_1 および F_2 を中心として円を描き，②の円との交点を求め，Q_1, Q_2, Q_3, Q_4 とする。Q_1 ～ Q_4 は，求める双曲線上の点となる。

④ P の位置をずらしながら，②③の作図を繰り返し，点を結んだ曲線が求める双曲線である。

(d) 懸垂線（カテナリー曲線）の作図

懸垂線を作図する（図 1-55）。

① 直線 O_1O_3 を等間隔で区切り，左端から O_1, H_1, O_2, H_2, O_3, H_3, $\cdots$ とする。

② O_1O_3 に対して垂直に，懸垂線の左端の高さを H_1 からとり，その点を P_1 とする。

③ 懸垂線の最下点の高さを h とし，O_1, O_2, O_3, $\cdots$ を中心として半径 h の 4 分円を描く。

④ 点 P_1 から円 O_1，円 O_2 に接線を引き，その接点を A_1, A_2 とする。

⑤ P_1A_2 と H_2 から立てた垂線との交点を P_2 とする。P_2 は懸垂線上の点となる。

⑥ ④⑤の作図を繰り返し，点を結んだ曲線が求める懸垂線である。

(e) サイクロイド・トロコイドの作図

円 O が直線 AB 上を転がるときの点 A の軌跡が描くサイクロイドを作図する（図 1-56）。

① 円の中心 O の移動軌跡上に，OC の長さが円周と同じくなるように点 C をとる（1.5.1 項 (g) 参照）。つまり，円 O が 1 周転がったときに中心 O が到達する点が C である。

② 線分 OC を 12 等分し，それらの点を順に O_1, O_2, $\cdots$, O_{12} とする。O_1 は，円 O が円周の 1/12 だけ転がったとき，つまり 30 度回転し

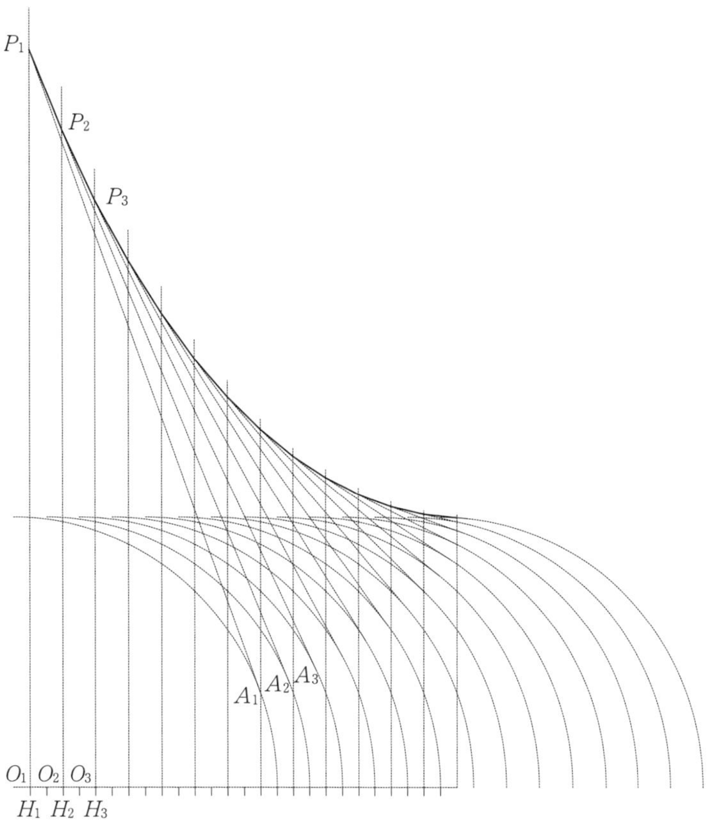

図 1-55　懸垂線の作図

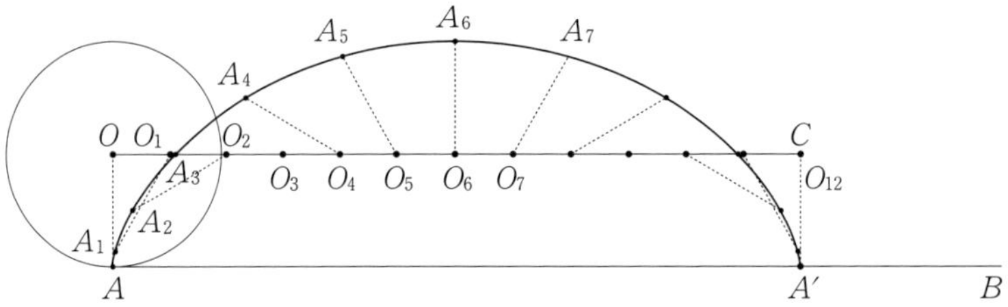

図1-56　サイクロイドの作図

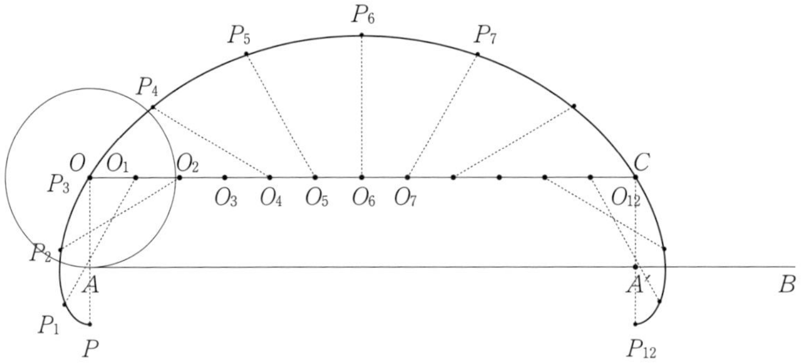

図1-57　トロコイドの作図

たときの中心 O の位置である。

③ O_1 を中心として，円 O の半径と同じ長さの30度傾いた線分 O_1A_1 を引く。線分 O_1A_1 は，円 O が円周の1/12だけ転がったとき，つまり30度回転したときの OA の位置である。A_1 は，求めるサイクロイド上の点である。

④ 同様に，O_{12} まで③の作図を繰り返し，A_1〜A_{12} を結んだ曲線が求めるサイクロイドである。

また，円周上にない点 P をとり，同様に作図するとトロコイドを作図できる（図1-57）。

(f) アルキメデスらせんの作図

円Aの中心を始点とするアルキメデスらせんを作図する（図1-58）。

① 円の中心を A とし，任意の半径 AB を引く。

② 線分 AB を n 等分し，順に A_1〜$A_n(=B)$ とする。

③ 点 A を中心として，A_1〜A_n を半径とする同心円を描く。

④ 点 B を基準として，円周を n 等分し，順に B_1〜$B_n(=B)$ とする。

⑤ 半径 AA_1 の円と線分 AB_1 の交点を P_1 とする。P_1 は求めるアルキメデスらせん上の点である。

⑥ 同様に⑤の作図を繰り返し，P_1〜P_n を結んだ曲線が求めるアルキメデスらせんである。

(g) 黄金らせんの作図（近似的方法）

黄金長方形ABCDを正方形で繰り返し分割し，その図形を使って，黄金らせんを作図する（図1-59）。

① 黄金長方形ABCDを，短辺ABを一辺の長さとする正方形で切り取ると，相似な黄金長方形EFCDが残る。

② 点Eを中心として半径ABの円弧をABCD内に描く。

③ 同様に，黄金長方形EFCDを正方形で切り取って，円弧を描く。

これを繰り返すと，円弧で近似した黄金らせんを描くことができる。

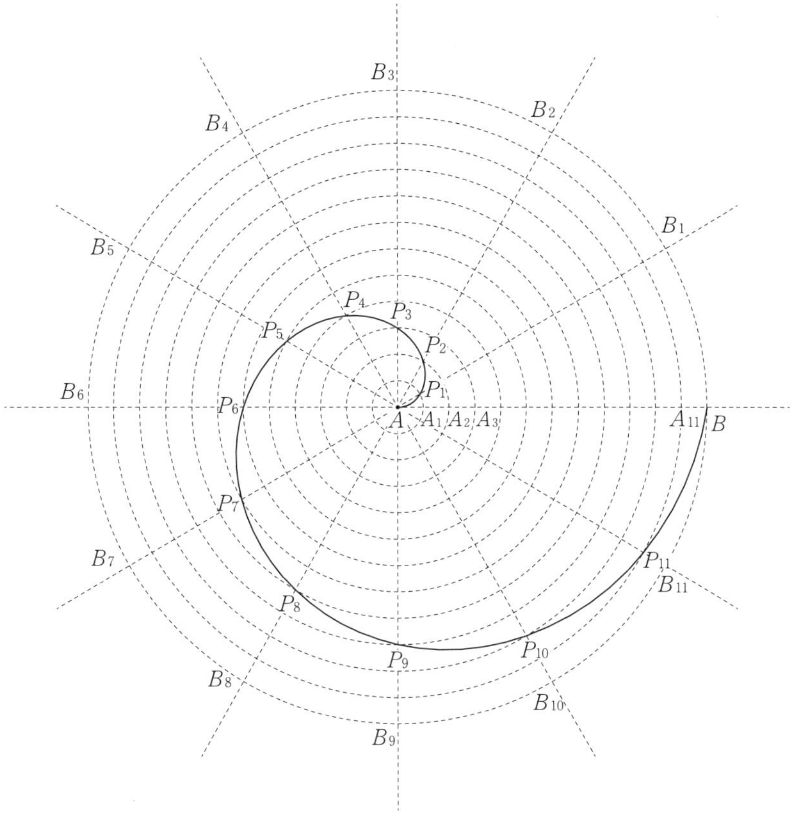

図 1-58　アルキメデスらせんの作図（n=12 の場合）

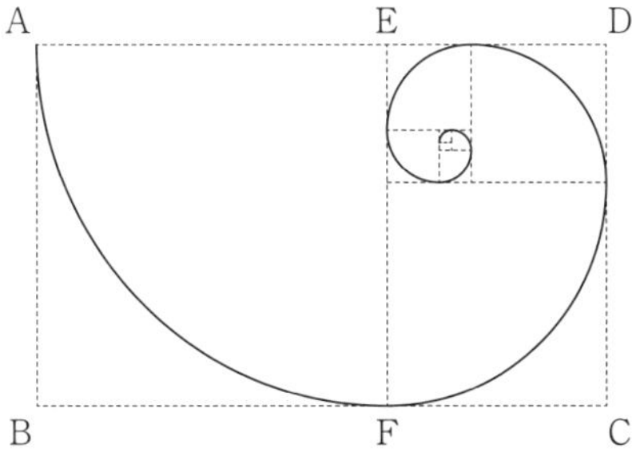

図 1-59　黄金らせんの作図

参考文献

細矢治夫，宮崎興二 編，多角形百科，丸善出版，2015

高橋研究室 編，かたちのデータファイル―デザインにおける発想の道具箱，彰国社，1984

面出和子，齋藤 綾，佐藤紀子，造形の図学 改訂版，日本出版サービス，2014

日本図学会 編，美の図学，森北出版，1998

山田由紀子，建築とデザインのための図形科学，培風館，1997

近江 栄ほか，建築図学概論 改訂増補版，彰国社，1991

山田幸一，宮崎興二，増補 図学精義，工業調査会，1974

日本図学会 編，図学用語辞典，森北出版，2009

宮崎興二，建築のかたち百科―多角形から超曲面まで，彰国社，2000

2 立　体

本章では，第１章の平面に引き続き，立体のかたちの特徴やその記述方法について説明を行う。なお，空間曲線と曲面については，それぞれ１次元と２次元として取り扱うことも可能であるが，図学においては文字通りの平面内におさまるかどうかが非常に重要なポイントとなるため，本章で取り扱うこととする。また，本章における立体図形の図は，展開図など平面図形を対象にしているものや「平面図」「正面図」などと特に明記しているもの以外は，すべて第３章で説明している正軸測投象で描画したものである。

2.1　多面体

多面体とは，複数の多角形で囲まれた立体形状であり，多角形の数は必ず４つ以上となる。多面体は，頂点，頂点と頂点を結ぶ稜，稜によって囲まれる多角形から構成される（図 2-1）。

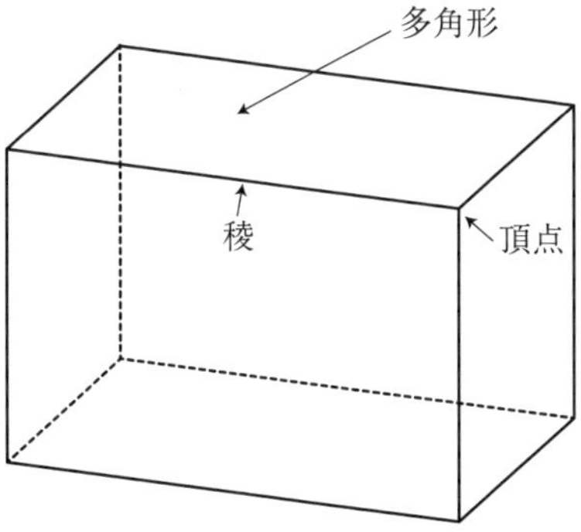

図 2-1　多面体の構成

球，円柱，円錐など曲面部分をもつものは多面体には含まれない。以下，特徴のある多面体について説明を行う。

2.1.1　角柱と反角柱

平行に配置された２枚の合同な多角形において，対応する頂点を結んだものを角柱という。２枚の多角形を底面といい，底面どうしを結ぶ四角形を側面という。角柱は底面の頂点の数 n に対応して n 角柱と呼ばれ，底面が正多角形である場合は正 n 角柱という。また側面が底面に垂直である場合は直 n 角柱，垂直でない場合は斜 n 角柱となる（図 2-2）。

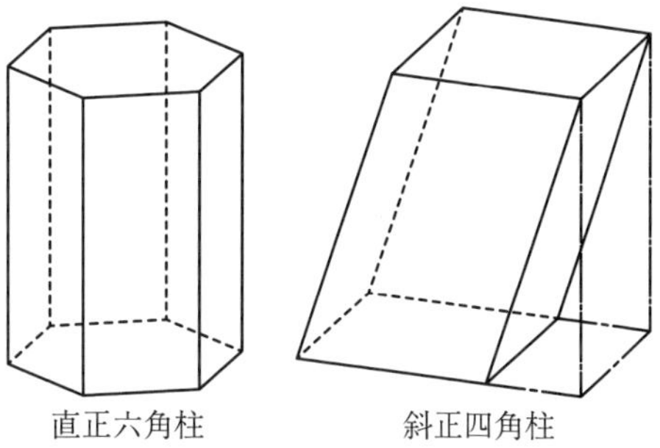

図 2-2　直正六角柱（左）と斜正四角柱（右）

n 角柱は，2 (底面) ＋ n (側面) 枚の多角形，3n 本の稜，2n 個の頂点から構成される多面体となる。

角柱に対し，底面の片方を，底面の法線に平行な軸に対して回転し，底面どうしを三角形で結んだものを反角柱という。角柱と同様，底面が正 n 角形である場合は正反 n 角柱と呼ぶ。図 2-3 は正反四角柱である。反 n 角柱は，2

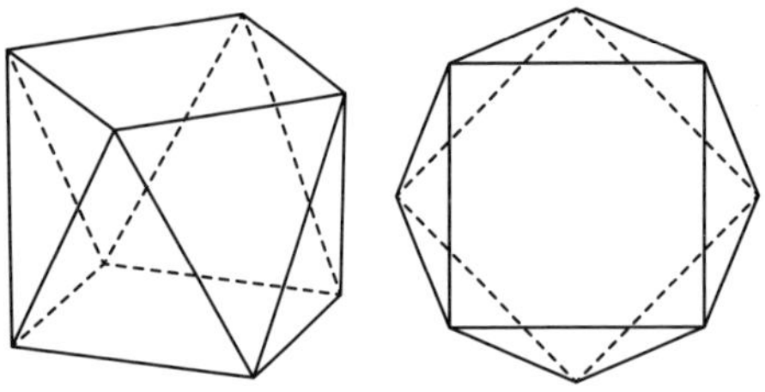

図 2-3　正反四角柱（右図は上から見た平面図）

（底面）＋ 2n（側面）枚の多角形，4n 本の稜，2n 個の頂点から構成される多面体となる。

2. 1. 2　角錐，角錐台，重角錐，反重角錐

多角形を底面とし，底面を含む平面に含まれない点を頂点とし，底面と頂点を結んだものを角錐という。角錐の側面は三角形となる。角錐は底面の頂点の数 n に対応して n 角錐と呼ばれ，底面が正多角形である場合は正 n 角錐という。また頂点が底面の中心の直上にある場合は直 n 角錐，そうでない場合は斜 n 角錐となる（図 2-4）。

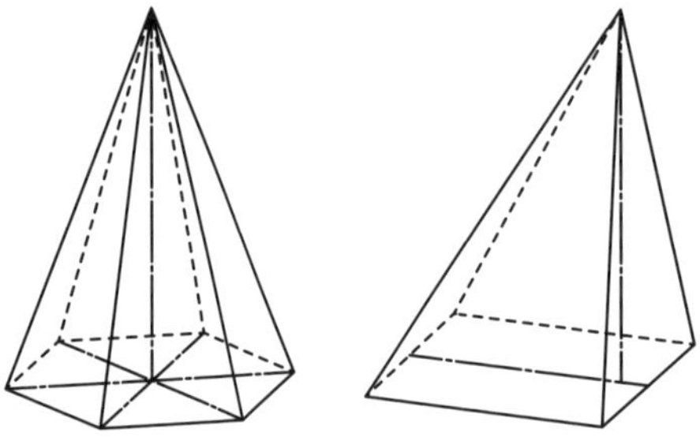

図 2-4　直正六角錐（左）と斜正四角錐（右）

n 角錐は，1（底面）＋ n（側面）枚の多角形，2n 本の稜，1 ＋ n 個の頂点から構成される多面体となる。

角錐の頂点側を底面に平行な面で切断したものを角錐台という。角錐と同様に，正角錐台と斜角錐台が存在する（図 2-5）。

n 角錐台は，2（底面）＋ n（側面）枚の多角形，3n 本の稜，2n 個の頂点から構成される多面体となる。

同一の底面をもつ 2 つの角錐を底面部分で貼り合わせた形状を重角錐といい，重角錐の頂点側を底面と平行な面で切り落としたものを重角錐台という（図 2-6）。

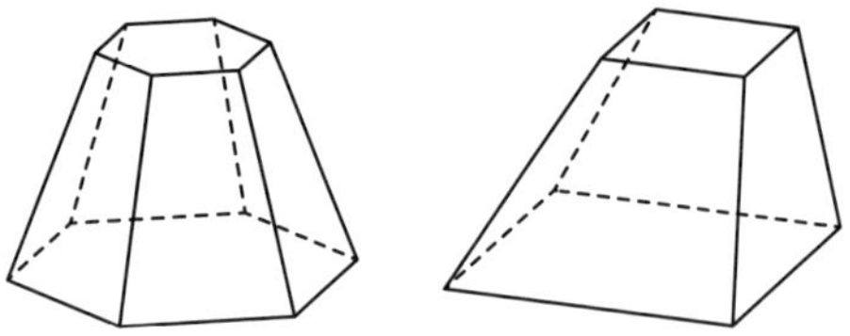

図 2-5　直正六角錐台（左）と斜正四角錐台（右）

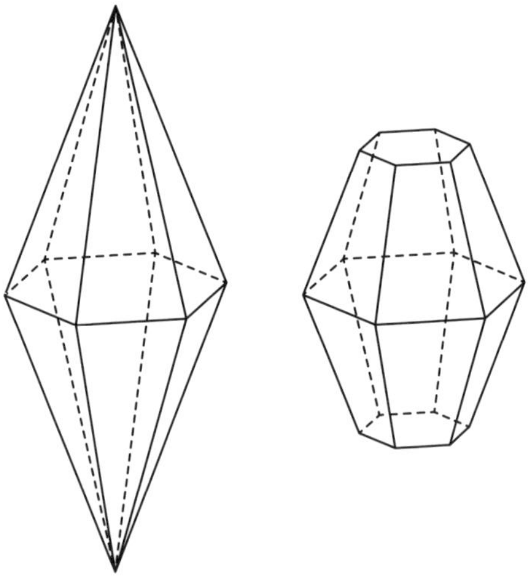

図 2-6　重正六角錐（左）と重正六角錐台（右）

重 n 角錐は 2n（側面）枚の多角形，3n 本の稜，2 ＋ n 個の頂点から構成される多面体となり，重 n 角錐台は 2 ＋ 2n（側面）枚の多角形，5n 本の稜，3n 個の頂点から構成される多面体となる。直正 n 角錐を元にした形状の場合，重角錐の側面はすべて二等辺三角形，重角錐台の側面はすべて等脚台形となる。

さらに，重角錐を作る際に，底面どうしが重なるように貼り合わせるのではなく，互いの頂点どうしが入れ違いになるように貼り合わせると，角錐と角錐の間に反角柱が挟まったような形状となる。このような形状を反重角錐といい，重角錐と同様に反重角錐台も存在する（図 2-7）。

反重 n 角錐は 2n（側面）枚の多角形，4n 本の

稜，2＋2n 個の頂点から構成される多面体となり，反重 n 角錐台は 2＋2n（側面）枚の多角形，6n 本の稜，4n 個の頂点から構成される多面体となる。直正 n 角錐を元にした形状の場合，反重角錐の側面はすべて 2 種類の二等辺三角形をそれぞれの底辺の位置で貼り合わせた四角形，反重角錐台の側面はすべて等脚台形の下

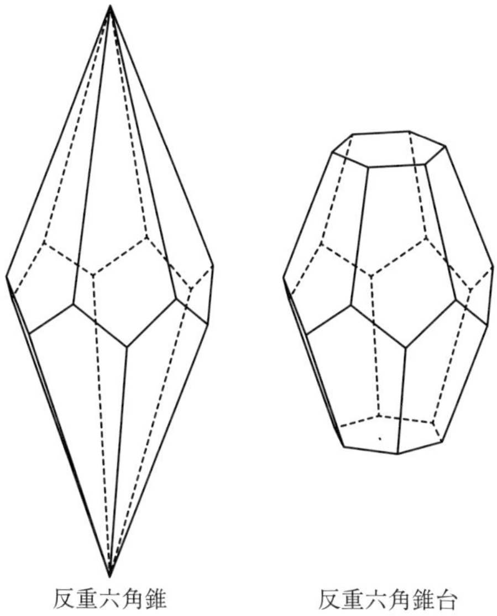

図 2-7　反重六角錐（左）と反重六角錐台（右）

底（もしくは上底，切断されていない側）と二等辺三角形を貼り合わせた五角形となる。

2.1.3　正多面体

正多面体は，同一の正多角形から構成される多面体のうち，すべての頂点における正多角形の集まり方が同一のものである。図 2-8 のように正四面体，立方体，正八面体，正十二面体，正二十面体の 5 種類が存在する。図 2-9 では，正多面体を構成する正多角形の辺の長さをすべて等しくして描画しているが，5 種類の中で正十二面体が非常に大きな形状となる。

正多面体はプラトンの立体とも呼ばれる。このうち，正八面体は重四角錐，立方体は反重三角錐，正十二面体は反重五角錐台と考えることもできる。

正多面体の構成は，どの頂点でも正 n 角形が m 枚集まるため，これを［n, m］のように表記することができる。この表記をシュレーフリ記号という。5 種類の正多面体の構成をシュレーフリ記号で表すと表 2-1 のようになる。

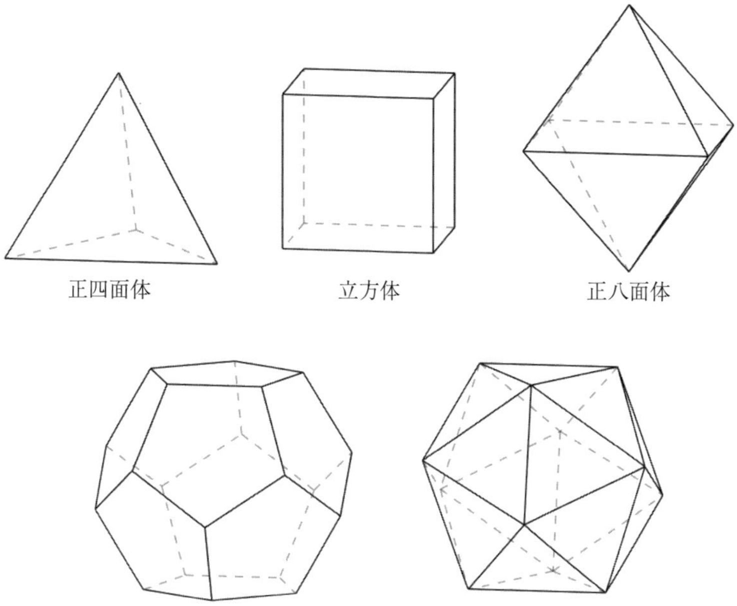

図 2-8　5 種類の正多面体

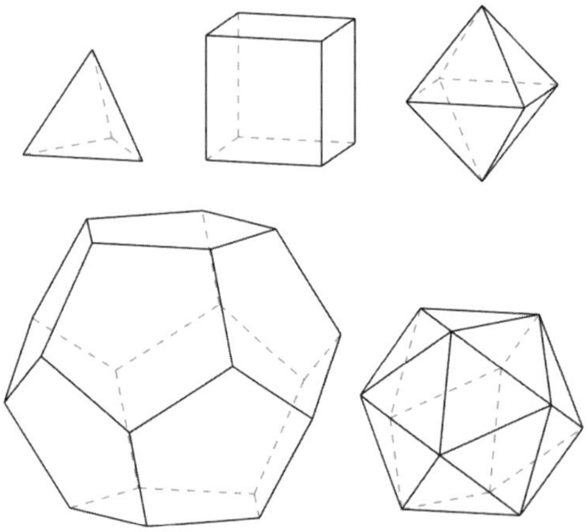

図 2-9　稜の長さを等しくした正多面体

表 2-1　シュレーフリ記号による
正多面体の構成

	シュレーフリ記号
正四面体	[3, 3]
立方体	[4, 3]
正八面体	[3, 4]
正十二面体	[5, 3]
正二十面体	[3, 5]

1つの頂点に集まる面の数は3以上であるため，正六角形より頂点数の多い正多角形は正多面体を構成することができない（正六角形の内角は120度であり，3つ集まると360度となって平面となってしまう）。

正多面体はきわめて対称性の高い形状であり，結晶の構造や伝統的な装飾物などに見ることができる。

2.1.4　半正多面体

半正多面体は，複数の種類の正多角形から構成される多面体のうち，すべての頂点における正多角形の集まり方が同一のものである。ただし，前述の正多角柱のうち側面が正方形になるものおよび正反角柱のうち側面が正三角形になるものもこの条件を満たすが，半正多面体には含まれない。

図 2-10 に示すように 13 種類の半正多面体が存在する。図 2-11 では，半正多面体を構成する正多角形の辺の長さをすべて等しくして描画しているが，それぞれの大きさにはばらつきが

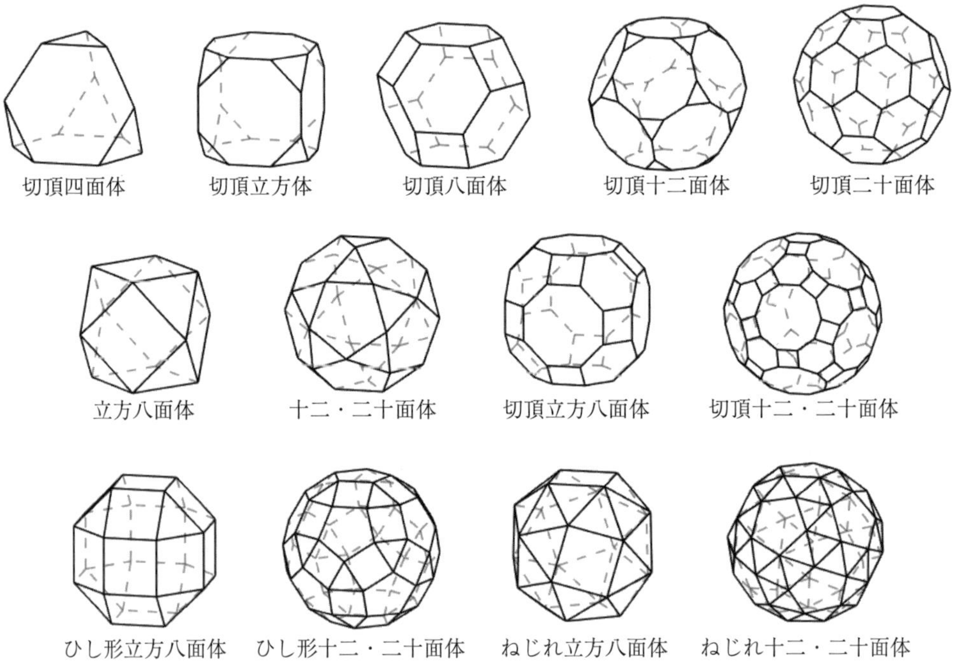

図 2-10　半正多面体（13 種類）

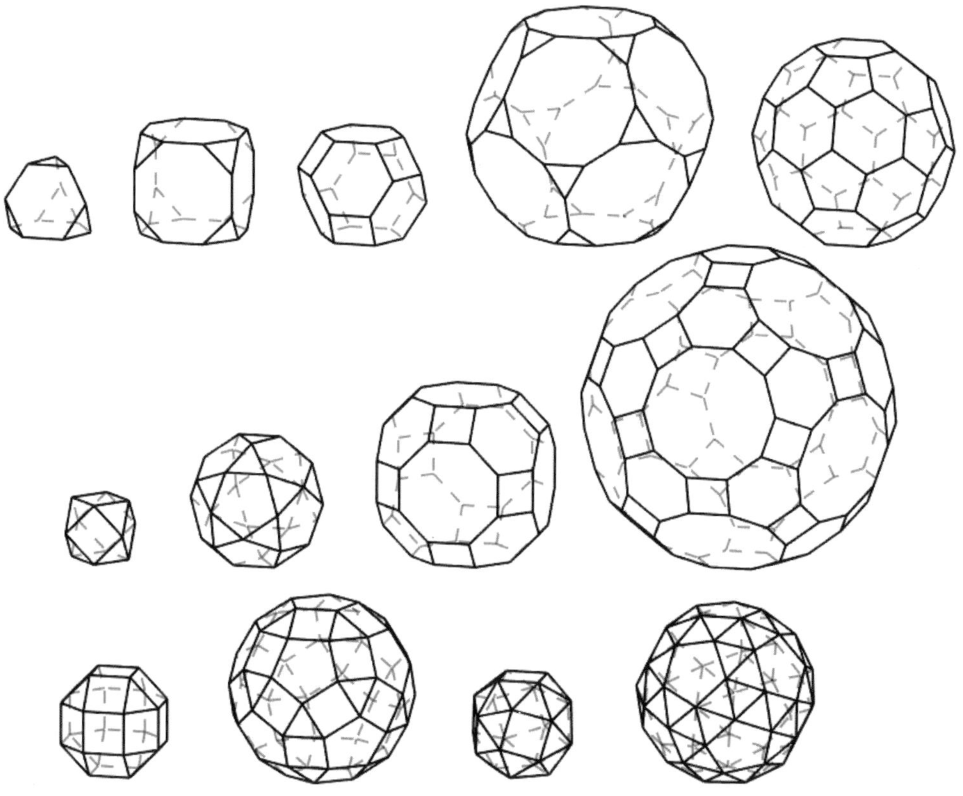

図 2-11　稜の長さを等しくした半正多面体

ある。正多面体の場合と異なり，正六角形や正八角形，正十角形など頂点数の多い正多角形が含まれる。

半正多面体はアルキメデスの立体とも呼ばれ，13 種類の半正多面体のうち，ねじれ立方八面体とねじれ十二・二十面体は鏡像となる形状が存在する。

半正多面体の構成はシュタイナー記号で表される。シュタイナー記号は頂点まわりに集まる正多角形に着目した記号で，たとえば，正方形，正六角形，正八角形で構成される切頂立方八面体は［4, 6, 8］と表記される。13 種類の半正多面体の構成をシュタイナー記号で表すと表 2-2 のようになる。

これらのうち，立方八面体と十二・二十面体はすべての稜において接する多角形の状態が同一（正三角形と正方形あるいは正三角形と正五角形）であるため，準正多面体と呼ばれる。

表 2-2　シュタイナー記号による半正多面体の構成

	シュタイナー記号
切頂四面体	[3, 6, 6]
切頂立方体	[3, 8, 8]
切頂八面体	[4, 6, 6]
切頂十二面体	[3, 10, 10]
切頂二十面体	[5, 6, 6]
立方八面体	[3, 4, 3, 4]
十二・二十面体	[3, 5, 3, 5]
切頂立方八面体	[4, 6, 8]
切頂十二・二十面体	[4, 6, 10]
ひし形立方八面体	[3, 4, 4, 4]
ひし形十二・二十面体	[3, 4, 5, 4]
ねじれ立方八面体	[3, 3, 3, 3, 4]
ねじれ十二・二十面体	[3, 3, 3, 3, 5]

また，ひし形立方八面体は一部を切り離して回転することで，半正多面体の条件を満たす多面体になる（図 2-12）。この多面体はミラーの立体と呼ばれ，通常は半正多面体には含まれない。

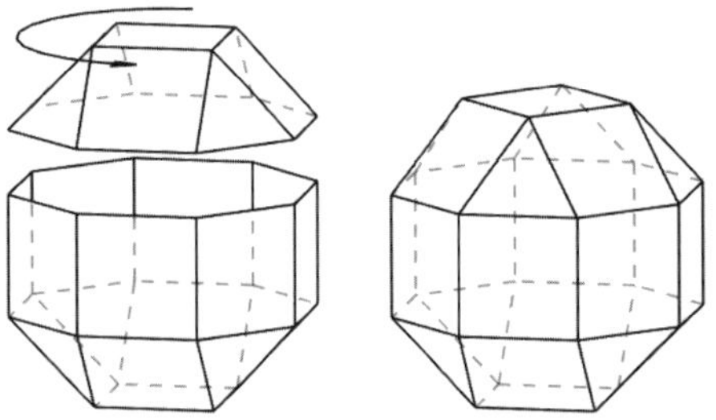

図 2-12　ひし形立方八面体の操作（左）とミラーの多面体（右）

2.1.5　ジオデシックドーム

正二十面体は 20 枚の正三角形から構成されており，すべての頂点が単一の球面上に位置する。この正三角形を分割し，これによって新たに得られる頂点をその球面上に移動し，多面体としたものをジオデシックドームという。元の正三角形の稜を n 分割した場合，それによって構成される多面体は nV のジオデシックドームと呼ばれ，$20n^2$ 面体となる。図 2-13 に 2V および 5V のジオデシックドームを示す。

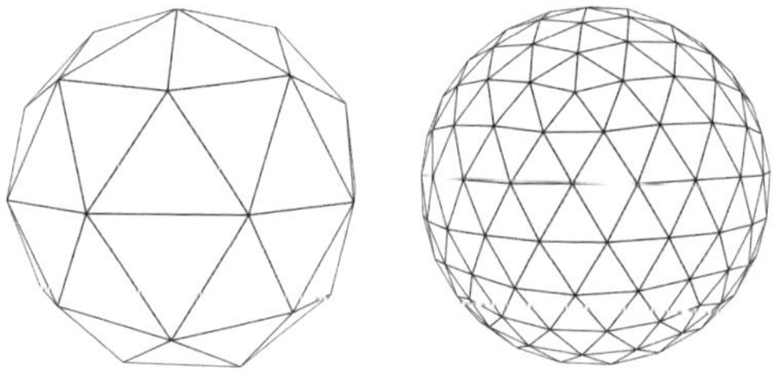

図 2-13　ジオデシックドーム（左：2V，右：5V）

元の正二十面体の頂点の周りには三角形が 5 枚集まり，それ以外の頂点では 6 枚集まる。ジオデシックドームは球面や方位を分割する際にその構成手法が使われるほか，建築物等の構造としても用いられる。

2.1.6　星形多面体

多面体を構成する各面において，その面を底面とする角錐を取り付けると，凹凸のある新たな多面体を作り出すことができる。このとき，取り付ける角錐を構成する面や稜が元の多面体を構成する面や稜の延長となっているものを星形多面体といい，元の多面体を星形多面体にすることを「星形化」という。

正多面体においては，正十二面体と正二十面体のみ星形化することができる。図 2-14 は正十二面体を星形化した多面体である。これは 12 個の正五角錐を組み合わせた形状となっている。

星形多面体は複雑な形状であるが，比較的単純な操作で作ることができるので，光のオブジェ等で用いられることがある（図 2-15）。

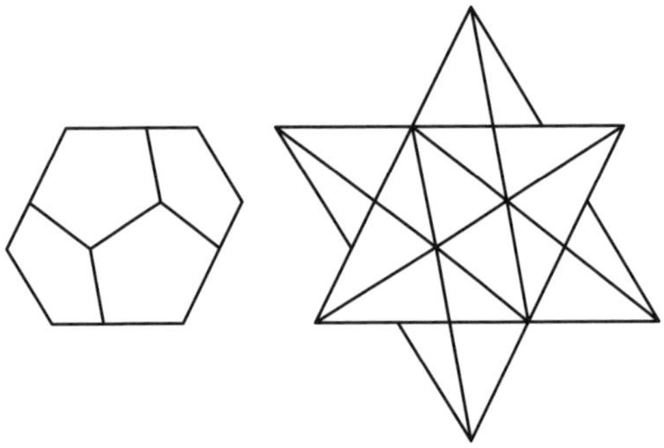

図 2-14　正十二面体（左）とその星形化（右）

図 2-15　正十二面体を星形化した多面体による光のオブジェ

2.1.7　展開

多面体は，稜の部分を切り開いたり，稜まわりの面を回転して隣接する多角形どうしを同一平面内におさめたりすることで，展開できる。逆に，展開図を作成して稜となる部分で折っていくことで，多面体を作ることができる。

正多面体の展開図は，正四面体が 2 種類，立方体が 11 種類，正八面体が 11 種類，正十二面体が 43,380 種類，正二十面体が 43,380 種類存在することが知られている。図 2-16 に，それぞれの正多面体の展開図の例を示す。

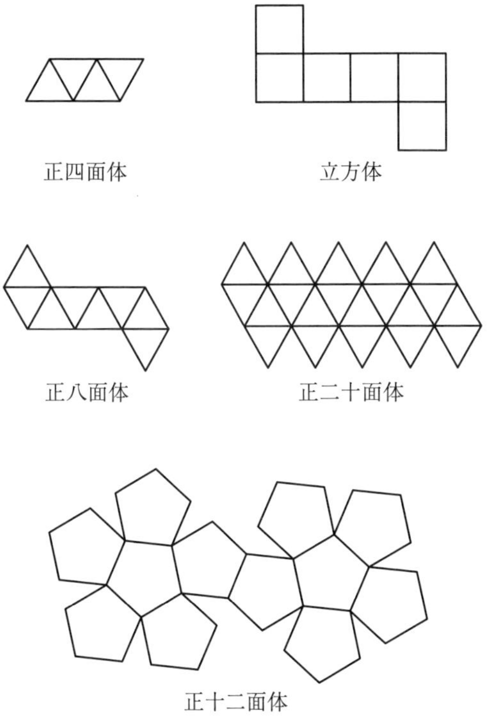

図 2-16　正多面体の展開図の例

2.1.8　多面体による空間の充填

平面の充填と同様，さまざまな多面体により空間を充填できる。たとえば，正三角形，正方形，正六角形は平面を充填できるので，それに高さを与えた正三角柱，正四角柱，正六角柱は空間を充填できる。単一の正多面体・半正多面体としては，立方体と切頂八面体がそれぞれ空間を充填できる（図 2-17）。

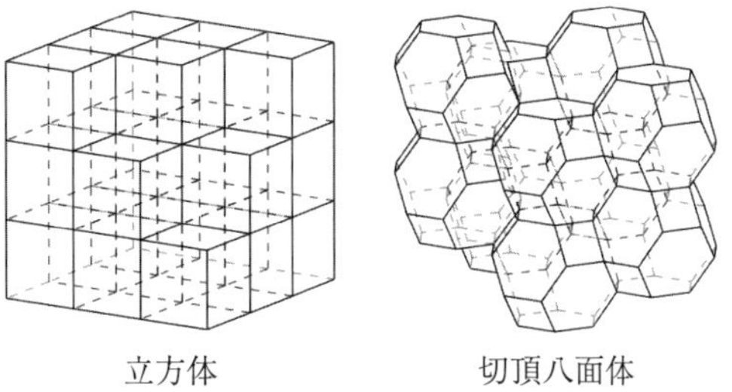

図 2-17　単一の正多面体・半正多面体による空間の充填

これに対し，2 種類以上の正多面体・半正多面体を組み合わせても空間充填が可能で，2 種類の場合は，正四面体と正八面体，正八面体と切頂六面体，正四面体と切頂四面体，正八面体と立方八面体の 4 種の組み合わせが知られている（図 2-18）。

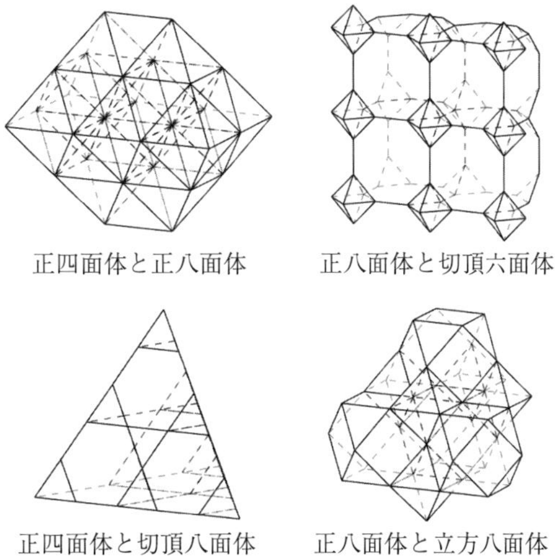

図 2-18　2 種類の正多面体・半正多面体の組み合わせによる空間の充填

2.1.9　オイラーの多面体定理

オイラーの多面体定理は，多面体の頂点，稜，面の数に関してオイラーが初めて発表した定理である。多面体の頂点，稜，面の数をそれぞれ V, E, F とすると，$V-E+F=2$ となる。正多面体や半正多面体などの特殊なものだけではなく，すべての多面体に当てはまるが，ドーナッツの形状のように孔の空いたものには当てはまらない。表 2-3 と表 2-4 に正多面体と半正多面体の頂点，稜，面の数を示した。いずれの場合もオイラーの多面体定理が成立していることがわかる。

表 2-3　正多面体の頂点，稜，面の数

	頂点	稜	面
正四面体	4	6	4
立方体	8	12	6
正八面体	6	12	8
正十二面体	20	30	12
正二十面体	12	30	20

表 2-4　半正多面体の頂点，稜，面の数

	頂点	稜	面
切頂四面体	12	18	8
切頂六面体	24	36	14
切頂八面体	24	36	14
切頂十二面体	60	90	32
切頂二十面体	60	90	32
立方八面体	12	24	14
十二・二十面体	30	60	32
切頂立方八面体	48	72	26
切頂十二・二十面体	120	180	62
ひし形立方八面体	24	48	26
ひし形十二・二十面体	60	120	62
ねじれ立方八面体	24	60	38
ねじれ十二・二十面体	60	150	92

♦コラム♦　立方体倍積問題

立方体倍積問題は，ギリシャ三大作図問題の1つ（他に，角の3等分問題と，円と同じ面積の正方形を作図する円積問題）であり，与えられた立方体の2倍の体積の立方体の大きさを求めるものである（図 2-19）。

与えられた立方体の稜の長さを a とすると，$x^3=2a^3$ となる x を求めることになるため，2

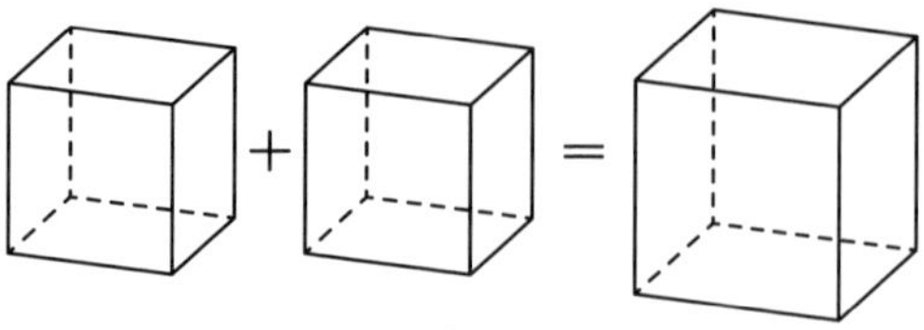

図 2-19　立方体倍積問題

の3乗根を作図で求める問題であることがわかる。

現在では，三大作図問題はいずれも定規とコンパスによる作図では不可能であることが証明されている。なお，定規とコンパスによる作図ではないが，放物線と双曲線を用いて解を導く方法がギリシャ時代にメナイクモスにより提案されている。また現代では，折り紙の手順により解を得られることも分かっている。

2.2　空間曲線

空間曲線は平面内におさめることができない曲線のことである。平面曲線と比べて実用的な場で用いられているものが少なく，らせんとその派生形状の空間曲線が主となる。これらは 2.2.1 項で説明する。本節ではこれ以外に，空間曲線の生成方法についても述べる。

2.2.1　らせんとその派生形状

2次元のらせんであるうずまき線に対し，同じ半径で回転しながら高さ位置が変化する空間曲線をつるまき線という（図 2-20）。つるまき線はばね等に見られる曲線であり，互いに交わらないようにしながら何重にも重ねることができる（図 2-21）。

また，うずまき線のように半径を変化させながら高さ方向にも変化させると円錐らせんとなる（図 2-22）。

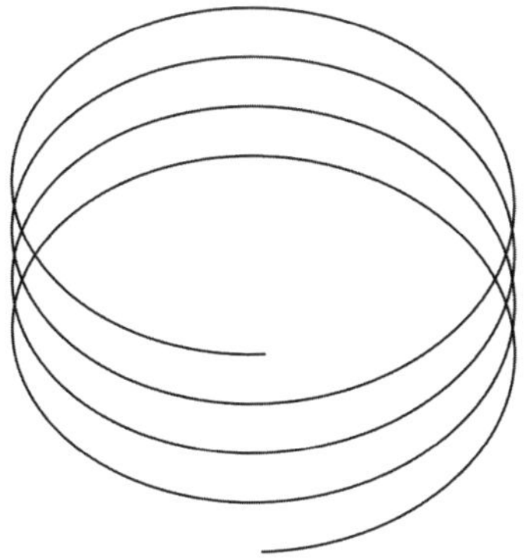

図 2-20　つるまき線

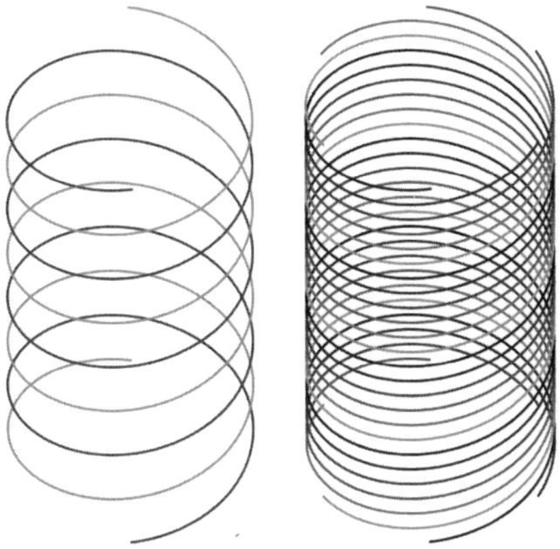

図 2-21　二重のつるまき線（左）と六重のつるまき線（右）

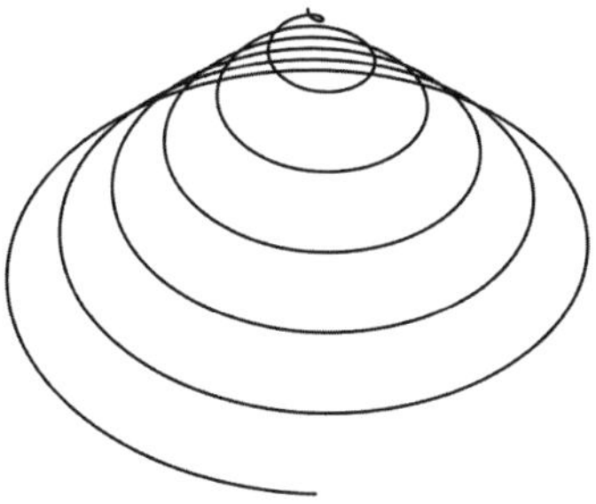

図 2-22　円錐らせん

2.2.2　平面曲線の立体化

第 1 章で説明した平面曲線に，その曲線を含む平面と直交する方向のパラメータを付与すると，空間曲線になる。平面曲線を立体化することにより，多種多様な空間曲線が得られる。

たとえば図 2-23 は，通常平面内に描画されるサインカーブを円柱面内に展開したものである。

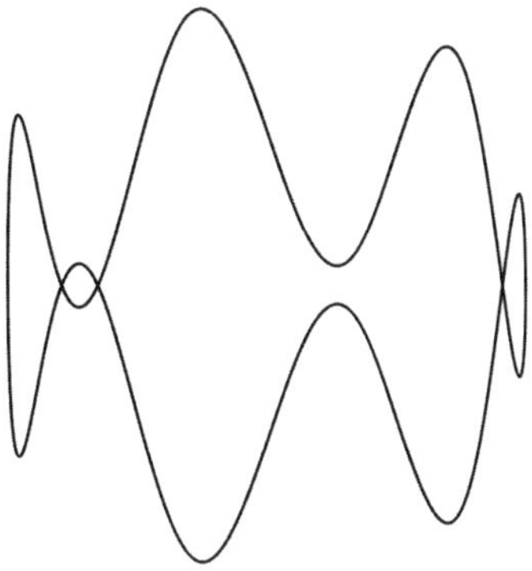

図 2-23　円柱面内に展開したサインカーブ

図 2-24 は，1.3.2 項（b）で説明したサイクロイド（ただし，円の内側を円が転がる場合の曲線）を，球面内に展開したものである。

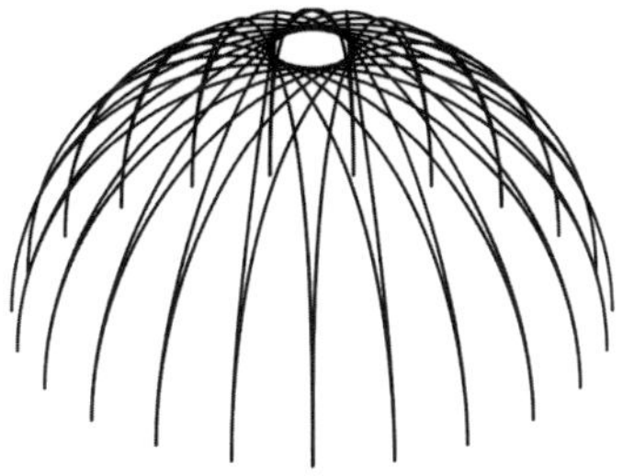

図 2-24　球面内に展開したサイクロイド

図 2-25 はうずまき線を双曲放物面（2.3 節参照）内に展開したものである。

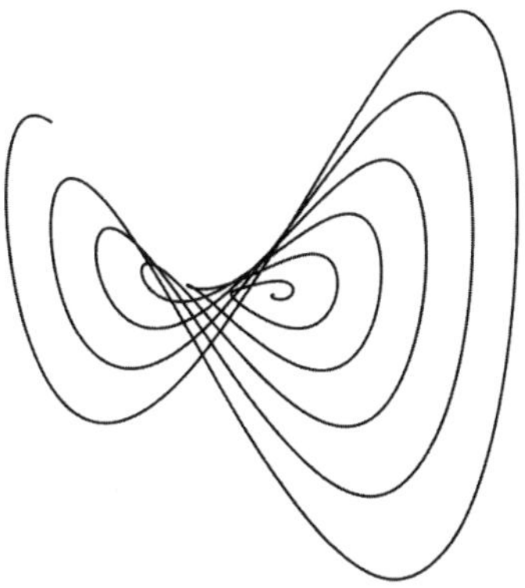

図 2-25　双曲放物面内に展開したうずまき線

また図 2-26 は 1.3.2 項（b）で説明したトロコイド（ただし，円の内側を円が転がる場合の曲線）であり，中心の一点で交わっているが，与える高さ方向の情報を調整することにより中

図 2-26　トロコイドによる四葉の曲線

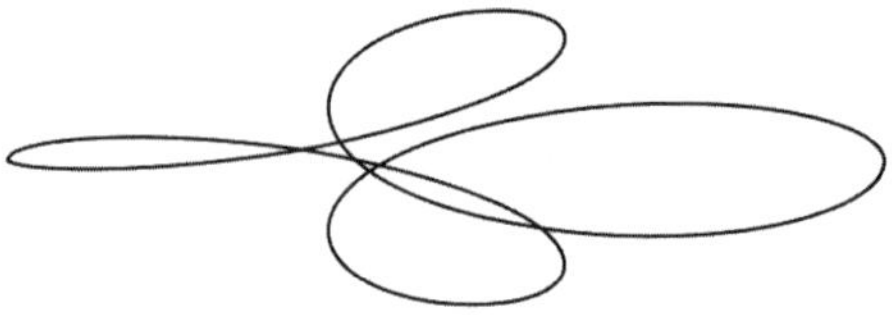

図 2-27　図 2-24 のトロコイド曲線の高さを調整し，結び目状の空間曲線としたもの

心で重ならないようにできる（図 2-27）。これは結び目状の空間曲線となっている。

なお，2.2.1 項で取り上げたつるまき線は円を円柱面上に展開したもの，円錐らせんはアルキメデスらせんを円錐面内に展開したものとも考えられる。

2.2.3　曲面と曲面の相貫

曲面と曲面の交線は空間曲線となることが多い。これは，4.3 節の相貫に対応している。

図 2-28 は，円柱と円柱の相貫により得られる空間曲線を示している。

また，図 2-29 は，円柱と円錐の相貫により得

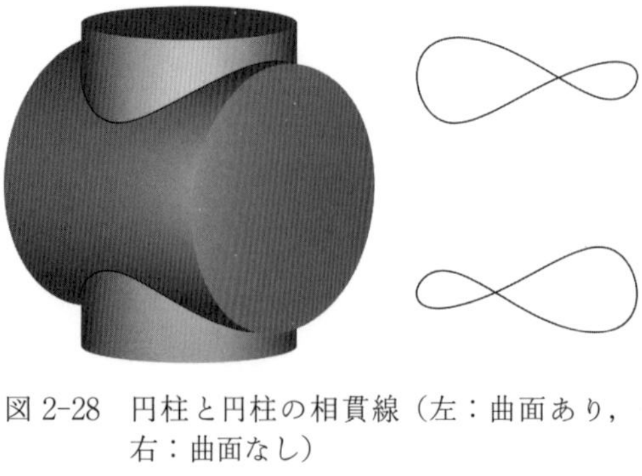

図 2-28　円柱と円柱の相貫線（左：曲面あり，右：曲面なし）

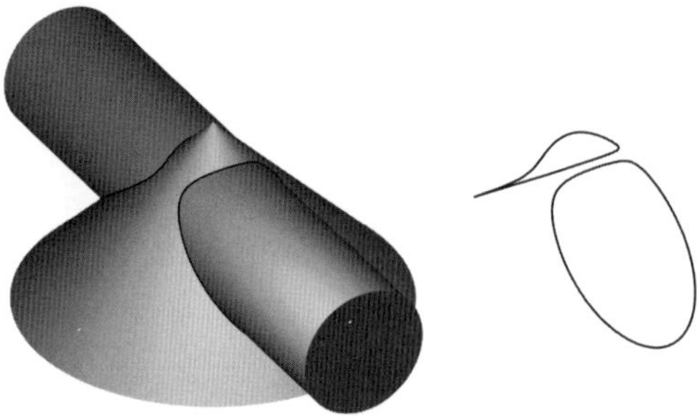

図 2-29　円柱と円錐の相貫線（左：曲面あり，右：曲面なし）

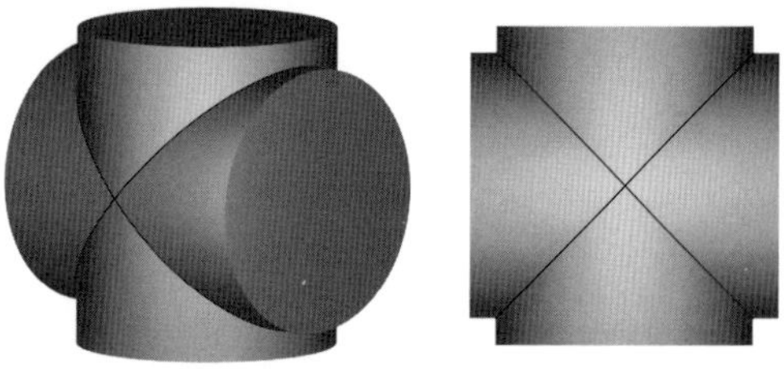

図 2-30　同じ大きさの円柱による相貫線（平面曲線となる。左：曲面あり，右：2 つの円柱の軸に垂直な方向からの正面図）

られる空間曲線を示している。

曲面と曲面の相貫線が必ず空間曲線になるわけではなく，図 2-30 のように同じ大きさの円柱どうしの相貫線は平面曲線（楕円）となる。

2.2.4　パラメトリック曲線

2.2.1 項で説明したらせんとその派生形状の空間曲線，および 2.2.2 項と 2.2.3 項で示した手法による空間曲線は，それぞれ数学的操作の結果として求められるものであり，逆に頭の中でイメージした空間曲線に対して数学的操作を当てはめることは困難である。しかし，指定された点群を指定された向きで通過する曲線を求められれば，空間曲線のデザインの自由度は大きくなる。ここでは，パラメトリック曲線を用いた空間曲線について説明を行う。

図 2-31 左のように，空間内に点群が与えられているとする。これは立方体の頂点に相当する 8 つの点である。この点群を図 2-31 右のように線分で順に結ぶと連続線分となるが，なめらかな曲線とはならない。そこで，点と点の間

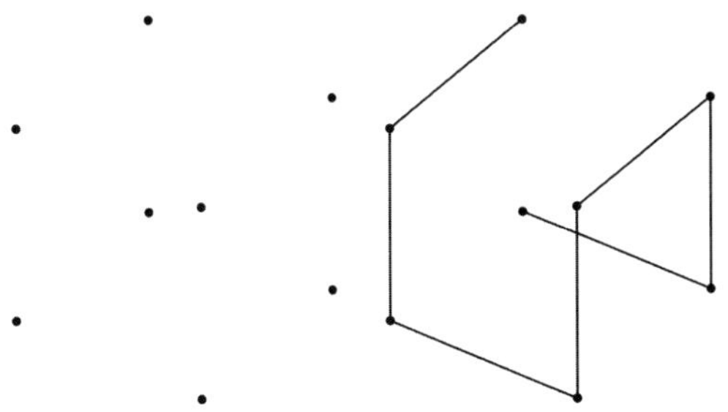

図 2-31　空間内の点群（左）とその点群を結ぶ連続線分（右）

を1つのセグメントと考え，それぞれのセグメントの両端点でなめらかに接続する曲線を用いることとする。このような曲線をパラメトリック曲線という。

図 2-31 の第3セグメントを例に考える（図 2-32）。図のように両端点の位置ベクトルを P_0, P_1，それぞれの両端点における接線の方向ベクトルを V_0, V_1 とするとき，P_0 と V_0 が第2セグメントの P_1 と V_1 と一致し，P_1 と V_1 が第4セグメントの P_0 と V_0 と一致するようにそれぞれのセグメントに曲線を当てはめていけば，すべてのセグメントにおいてなめらかに接続する曲線が得られる（図 2-33）。

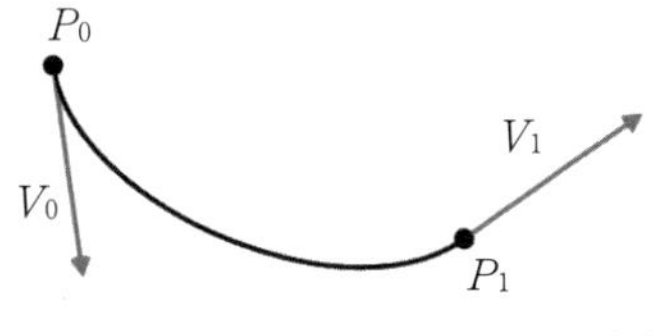

図 2-32　第3セグメントにおける両端点の位置と両端点の接線の方向ベクトル

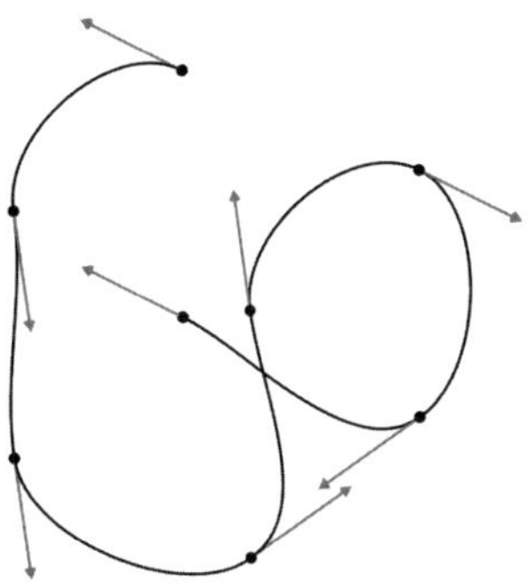

図 2-33　点群を7本のパラメトリック曲線で結んだ空間曲線

パラメトリック曲線にはさまざまなものが存在するが，ここではエルミート曲線について説明を行う。1つのセグメント内の曲線を $P(t)$（ただし $0 \leq t \leq 1$）とするとき，$P(t)$ の両端点が P_0, P_1 に一致し，かつ P_0, P_1 における接線の方向ベクトルが V_0, V_1 に一致するためには，下記の境界条件を満たす必要がある。

$$P(0) = P_0, P(1) = P_1, P'(0) = V_0, P'(1) = V_1$$

$$\text{ただし，} P'(t) = \frac{d}{dt}P(t)$$

ここで，P_0, P_1, V_0, V_1 と重み関数 $H_i(t)$（ただし $0 \leq i \leq 3$）を用いて，$P(t)$ を次式のように表現することとする。

$$P(t) = H_0(t)P_0 + H_1(t)P_1 + H_2(t)V_0 + H_3(t)V_1$$

4つの重み関数 $H_i(t)$（$0 \leq i \leq 3$）それぞれに境界条件が4つあるため，$H_i(t)$ を t の3次多項式とすれば，与条件をすべて満たす $H_i(t)$ が求められ，$P(t)$ を定めることができる。これが3次エルミート関数を用いたエルミート曲線に相当する。以下，重み関数 $H_i(t)$（$0 \leq i \leq 3$）を

$$H_i(t) = a_i t^3 + b_i t^2 + c_i t + d_i$$

とし，与えられた条件を満たすように $a_i \sim d_i$ を定めると，$H_i(t)$ は次の通りになる。

$$H_0(t) = (t-1)^2(2t+1)$$
$$H_1(t) = t^2(3-2t)$$
$$H_2(t) = t(t-1)^2$$
$$H_3(t) = t^2(t-1)$$

このようにエルミート曲線を用いてセグメントをつないでいくことにより，イメージした曲線を数式で表すことが可能となる。なお，両端点の接線の方向ベクトルは，向きだけではなく大きさも曲線に影響を与える。ベクトルの大きさが小さい場合，セグメントは線分に近い形状

図 2-34　図 2-32 の方向ベクトルの大きさを 1/3 にした場合

となる（図2-34）。

2.3　曲面

2.3.1　推動面と回転面

曲面の分類にはさまざまな方法が存在するが，ここではまずものづくりの観点から推動面と回転面について説明を行う。

線要素（直線，線分，曲線，あるいはそれらの組み合わせ）である母線を，別の線要素（導線）に沿って平行移動したときの軌跡として得られる曲面を推動面という。推動面は，母線と同じ形状の線要素を並べることで比較的容易に製作することが可能であり，また辺の長さが一定の菱形による多面体として近似的に表現することもできる。

母線と導線にさまざまな曲線を用いることで，多様な曲面を表現できる。たとえば，放物線を母線とし，直交する別の放物線を導線とする推動面を考える。このとき，導線の放物線の凸となる向きを母線と同じ方向とすると楕円放物面が得られ（図2-35上），凸となる向きを母線と逆の方向とすると双曲放物面（図2-35下）が得られる。

また，母線と導線にサインカーブを用いれば，図2-36のようなやや複雑な曲面を比較的容易な操作で得られる。

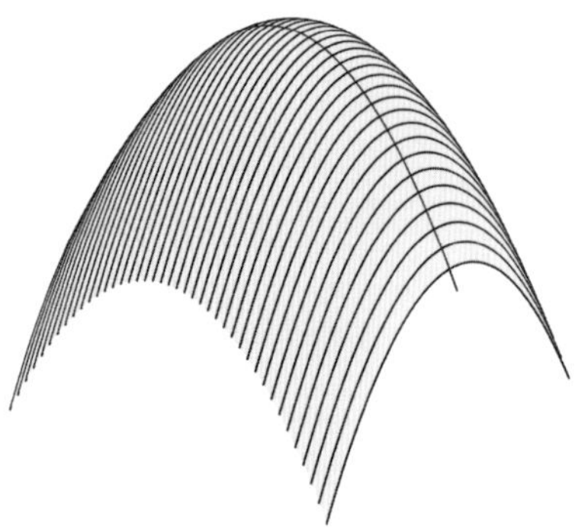

楕円放物面

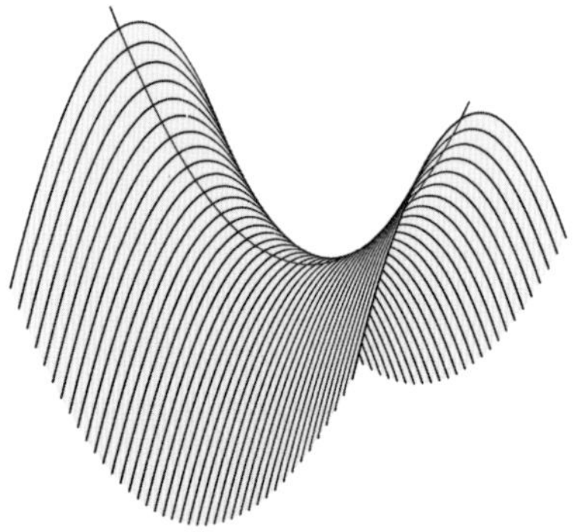

双曲放物面

図2-35　直交する放物線を用いた推動面
上：同じ向きの放物線による推動面（楕円放物面），下：逆向きの放物線による推動面（双曲放物面）

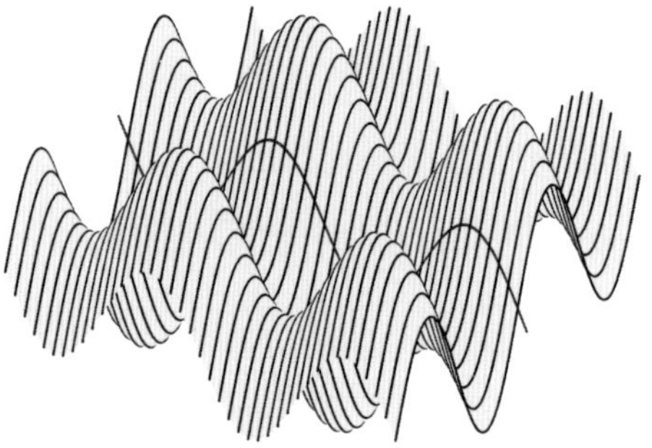

図2-36　母線と導線にサインカーブを用いた推動面

母線を平行移動させて得られる推動面に対し，線要素である母線を，特定の直線を軸として回転したときの軌跡として得られる曲面を回転面という。ものづくりの観点から考えると，回転面はろくろのような装置を用いて形を整えることができるため，一般に，非回転面の複雑な曲面よりも製作が容易である。球面，円錐，円柱，一葉双曲回転面（図2-37上），回転放物面（図2-37下）などが回転面に相当する。

なお，図2-35上に推動面として示した楕円放物面は，回転面としての性質もあわせもつ（図2-38）。これは楕円放物面の特殊な場合である。

また，推動面において導線を円弧としても，特殊な場合を除き，回転面とはならない（図2-39）。母線が円弧に対して直交する直線線分

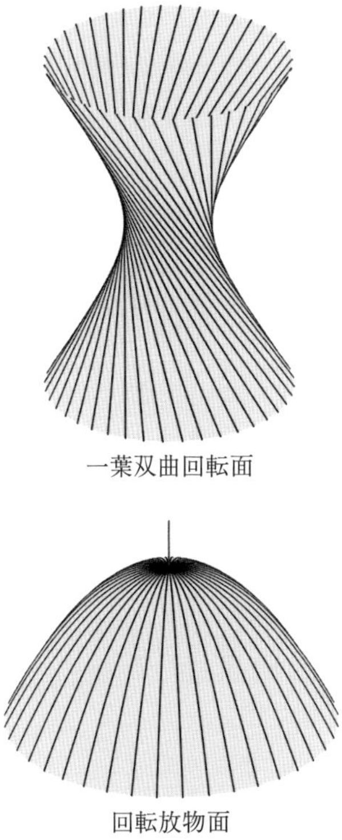

図 2-37　回転面としての一葉双曲回転面（上）と回転放物面（下）

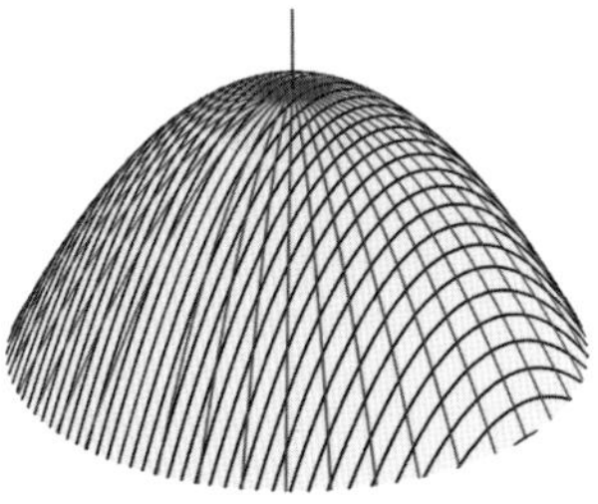

図 2-38　推動面・回転面双方の性質をもつ放物回転面

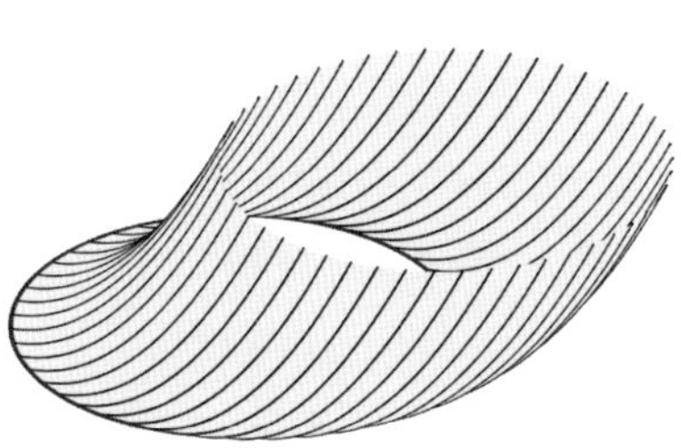

図 2-39　放物線（母線）と円弧（導線）による推動面

である場合などは回転面となる。

2.3.2　ものづくりの観点を考慮した曲面の微分幾何学的分類

曲面は，ものづくりの観点から微分幾何学的に分類されることもある（図 2-40）。

すべての曲面は線織面と複曲面に分類される。母線となる直線要素の移動の軌跡として定義可能である曲面を線織面といい，線織面以外の曲面を複曲面という。

線織面はさらに可展面とねじれ面に分けられる。1 平面に展開可能である線織面を可展面といい，1 平面に展開できない線織面をねじれ面という。なお，線織面では移動された母線の両端の軌跡を導線と考える。

一方，複曲面はさらに回転面と一般複曲面に分けられる。曲線を含む線要素の回転の軌跡として定義可能である複曲面を回転面といい，回転面以外の複曲面を一般複曲面という。

円柱や円錐，一葉双曲回転面などは線織面であるため，複曲面の回転面には含まれない。複曲面の回転面は 2.3.1 項で説明した回転面とは分類が異なる。複曲面の分類がやや大雑把であるのは，ものづくりの観点からの分類であることが影響している。また，この分類が微分幾何学的とされているのは，曲面の曲がり方を表わすガウス曲率とこの分類が密接な関わりをもつからである。

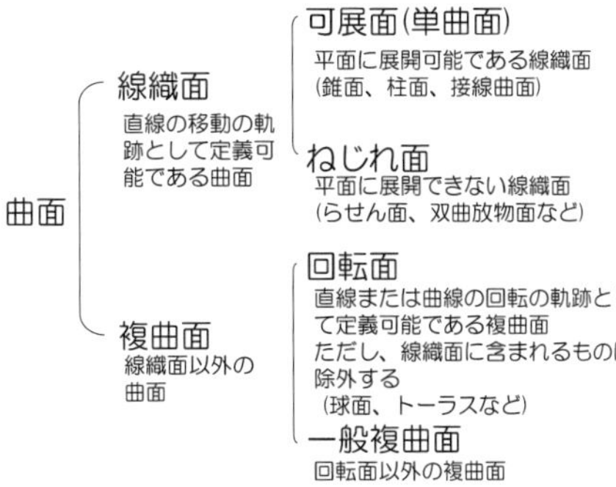

図 2-40　ものづくりの観点を考慮した曲面の微分幾何学的分類

(a) 可展面

可展面は錐面，柱面，接線曲面の3種類となることが知られている。母線（もしくは母線の延長線）が1点で交わる曲面を錐面といい，母線が互いに平行である曲面を柱面といい，母線が空間曲線の接線の集合となる曲面を接線曲面という。図2-41は錐面の例である円錐，柱面の例である円柱，接線曲面の例であるヘリカルコンボリュートである。

錐面と柱面において，導線が円である必要はなく，任意の曲線を用いることが可能である（図2-42）。

可展面は，平面を伸び縮みなしに曲げることで製作できるので，造形が容易である。

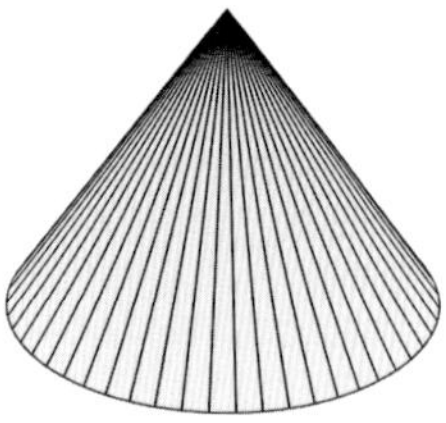
円錐

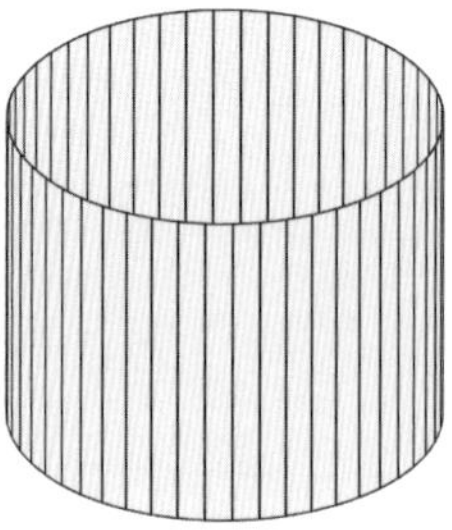
円柱

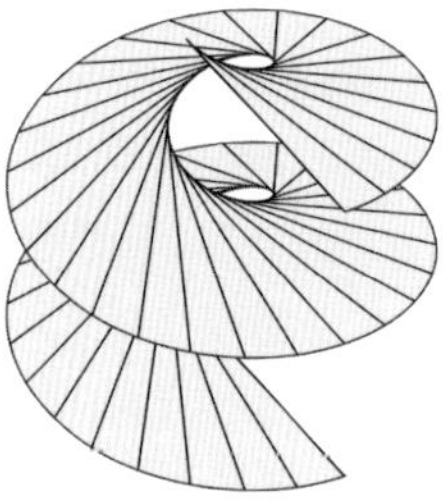
ヘリカルコンボリュート

図2-41　可展面の例

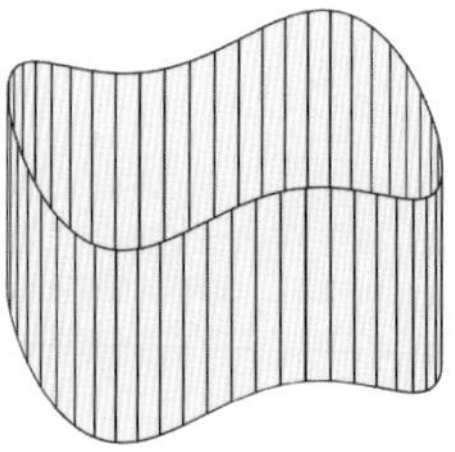

図2-42　円以外の曲線を導線とした錐面（左）と柱面（右）

(b) ねじれ面

ねじれ面は，母線の移動の軌跡として定義される曲面のうち1平面に展開できないものであり，導線の状態で3つに分類される。すなわち，導線がともに直線である双曲放物面，片方が直線でもう片方が曲線となる錐状面（コノイド），ともに曲線となる柱状面（シリンドロイド）の3つである（図2-43）。

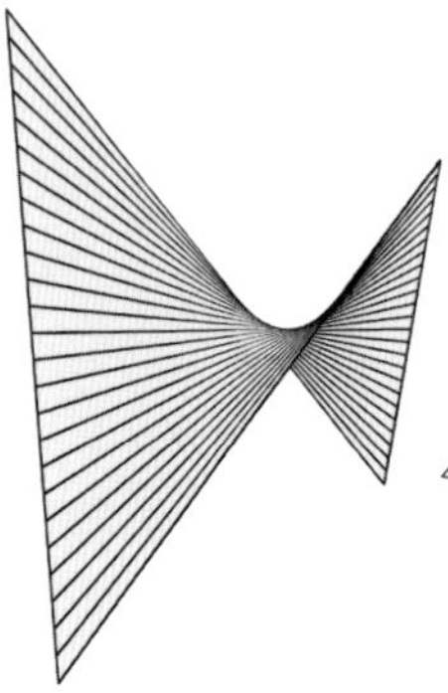
双曲放物面

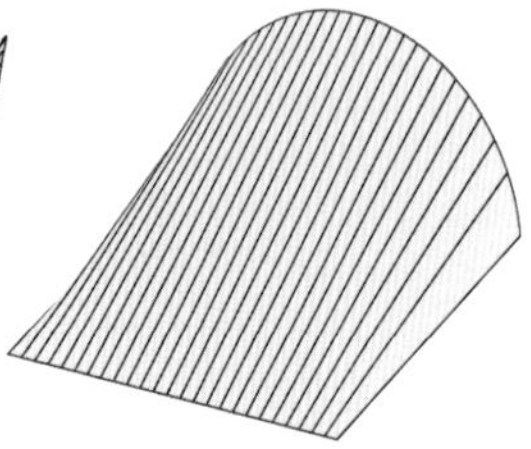
錐状面

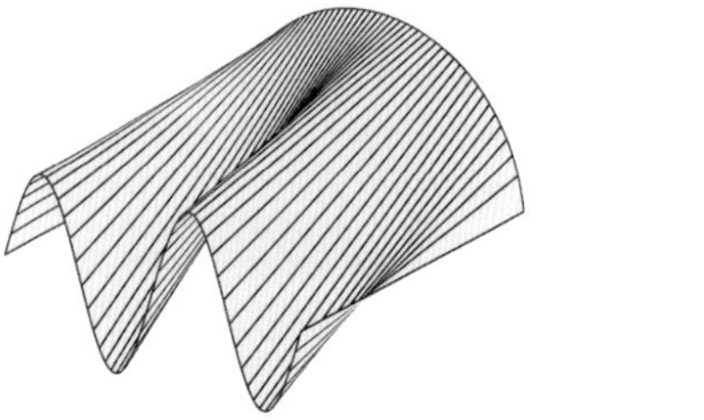
柱状面

図2-43　ねじれ面の例

双曲放物面は母線の両端の線分を導線と考えても同一の双曲放物面となり，二重線織面と呼ばれる（図2-44）。

また，双曲放物面は名前からわかる通り，母線と導線に放物線を用いた推動面の性質もあわせもつ（図2-45）。このことは2.3.1項で述べた。

図2-46に示すらせん面は，直線とつるまき線を導線とする錐状面である。

また，一葉双曲回転面は回転面の例として図2-37上に示したが，導線をそれぞれ円弧とする柱状面と考えることもできる。一葉双曲回転面は，双曲放物面と同様に二重線織面である（図

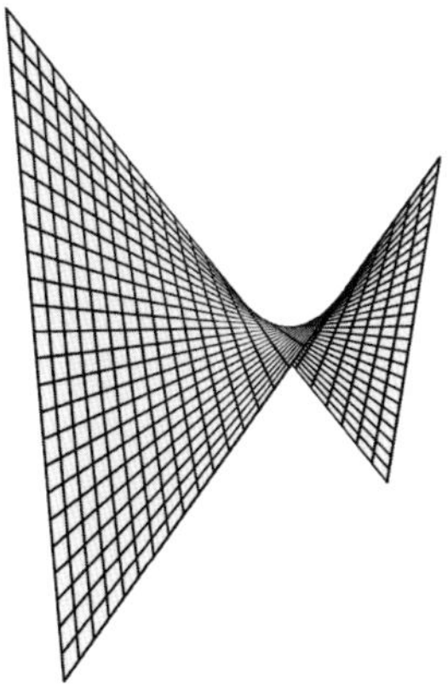

図 2-44　二重線織面としての双曲放物面

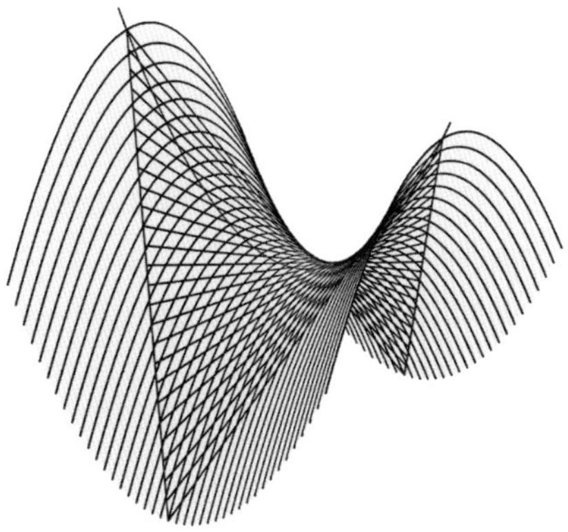

図 2-45　推動面およびねじれ面としての双曲放物面

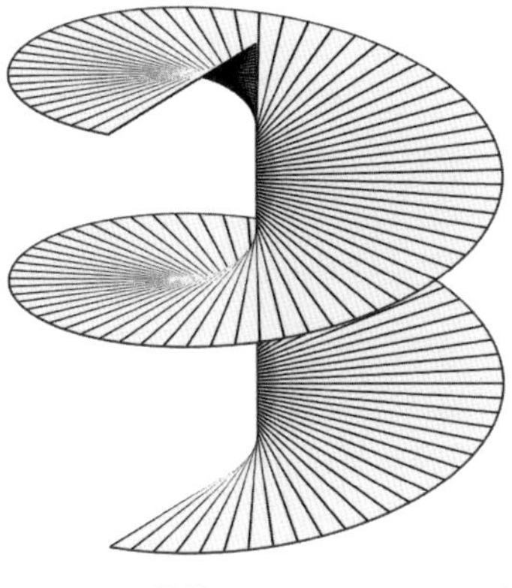

図 2-46　錐状面としてのらせん面

2-47）。

正四角柱の側面を取り去って底面を回転し，2 つの面を結ぶと，図 2-48 左のように 4 つの双曲放物面から構成される形状となる。これに対し，底面を少しずつ回転しながら持ち上げるよ

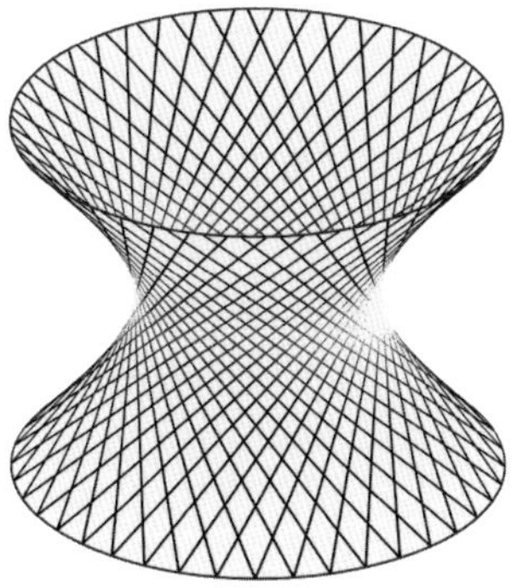

図 2-47　二重線織面としての一葉双曲回転面

うにすると，図 2-48 右のように 4 つの柱状面（導線は 2 つともつるまき線）から構成される形状となる。

ねじれ面は，可展面ほど容易に造形できないが，同一形状の位置や角度を少しずつずらしながら積層させることで近似することができる（図 2-48 右）。また，直線要素からなる型枠で成形することが可能であり，コンクリートシェル構造などにも用いられる。

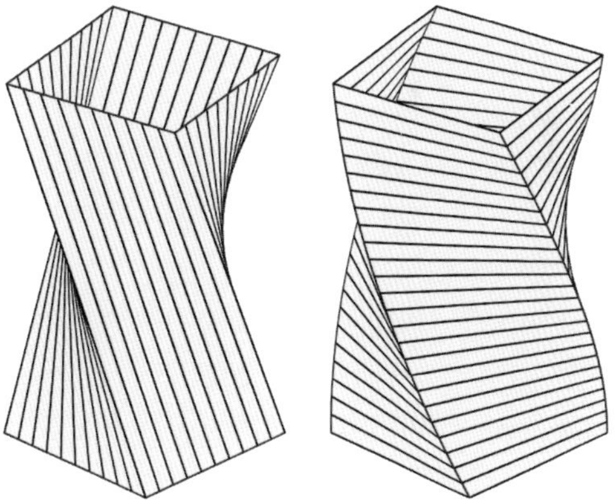

図 2-48　4 枚の双曲放物面で構成される形状（左）と 4 枚の柱状面で構成される形状（右）

(c)　回転面

円を中心軸のまわりに回転させると球面（図 2-49 上）となり，中心を通らない軸のまわりに回転させるとトーラス（図 2-49 下）となる。

次の式で与えられる平面曲線は牽引線（トラクトリックス）と呼ばれる。

球面

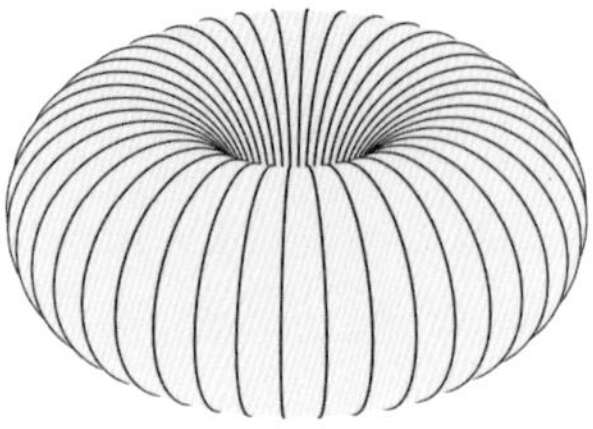

トーラス

図 2-49　球面（上）とトーラス（下）

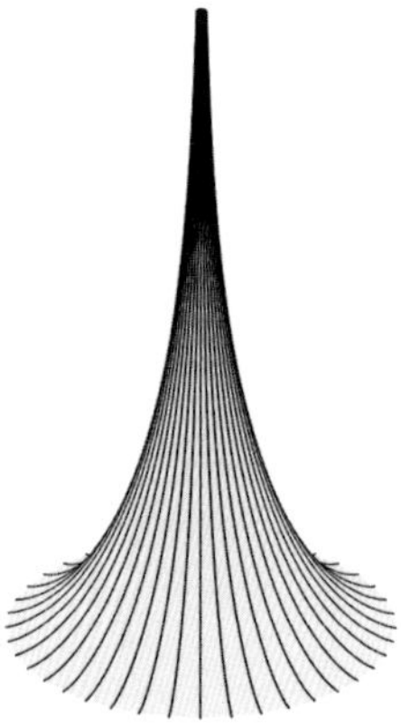

図 2-50　擬球面

$$y=\cosh^{-1}\left(\frac{a}{x}\right)-\sqrt{a^2-x^2}$$ （ただし a は定数）

この曲線を母線として得られる回転面は擬球面と呼ばれ，トランペットのような形状となる（図 2-50）。この曲面は球面と同様，ガウス曲率（2.3.2 項（e）参照）が曲面上のすべての点で同一の値となる。

図 2-37 下に示した回転放物面は，微分幾何学的分類では回転面に分類される。

(d) 一般複曲面

線織面や回転面は造形上有利な特徴をもつが，一般複曲面はそのような特徴をもたないため，造形は難しく，コストが大きい。しかし，型によるプレス加工などでデザイン性の高い一般複曲面が作られることもある。たとえば車の車体などは高い自由度が要求され，かつ大量生産される。

(e) ガウス曲率

曲率は曲線の曲がり方を示す特徴量である。これを曲面に拡張し，曲面の曲がり方を示す特徴量としたものの 1 つがガウス曲率である。

図 2-51 に示すように，曲面上の 1 点において，その点における法線ベクトルを含む様々な向きの平面で曲面を切断すると，切断面上に曲線が現れる。そして，それらの曲線からそれぞれの曲率が得られる。

ここで得られた曲率のうち，最大値と最小値を主曲率，2 つの主曲率を乗じたものをガウス曲率という。図 2-51 のような場合は，2 つの主曲率の符号が異なるのでガウス曲率はマイナスになる。図 2-49 上の球面では，すべての方向の曲率が等しいため，ガウス曲率はプラスとなる。また，球面上のすべての点においてガウス曲率は同一の値となる。

線織面は直線要素を含むため，少なくとも 1 つの方向で切断した場合の曲率が 0 になる。そのため，それ以外の曲率の符号がすべて同じ場

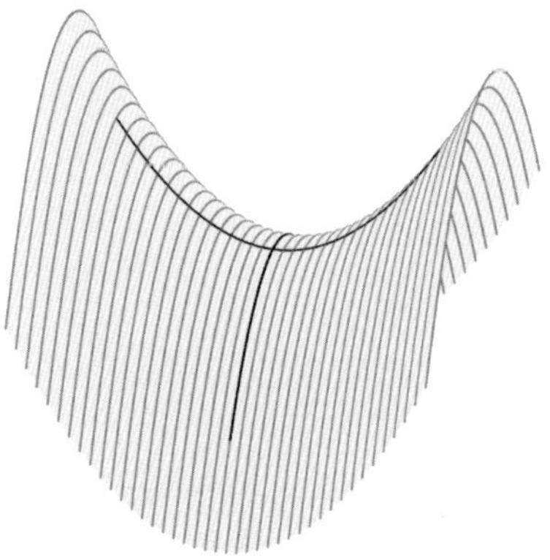

図 2-51　曲面の切断により得られる曲線

合，最大値と最小値のどちらかが0となり，ガウス曲率は0となる。このとき，曲面は可展面となる。これに対し，曲率が0となる方向以外にプラスの曲率とマイナスの曲率が存在する場合，最大値と最小値の符号が異なるため，ガウス曲率はマイナスとなる。このとき，曲面はねじれ面となる。複曲面の場合，ガウス曲率は0以外の（プラスもしくはマイナスの）値となる。

2.3.3　数理曲面

これまで曲面の生成原理や微分幾何学的特徴に沿って説明を行ってきたが，ここでは数式で表現される曲面を紹介する。

2次式で表される曲面はわかりやすい形となる。たとえば2次曲線を平行移動した形状に加え，双曲放物面（図2-35下）や一葉双曲回転面（図2-37上），回転放物面（図2-37下）などがある。

しかし，一般に3次より高次の式で表される曲面は非常に複雑なものとなる。ここでは，4次式で表される数理曲面の例を示す（図2-52）。これらのうち，一番上の形状は2.2.2項（c）で説明したトーラスである。

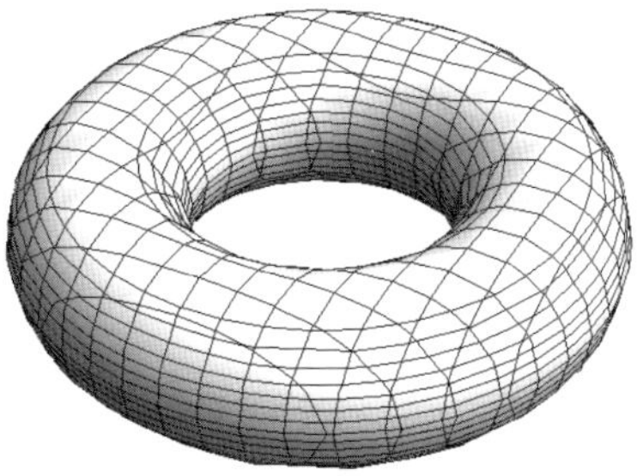

$(x^2+y^2+z^2+21)^2-100(x^2+y^2)=0$

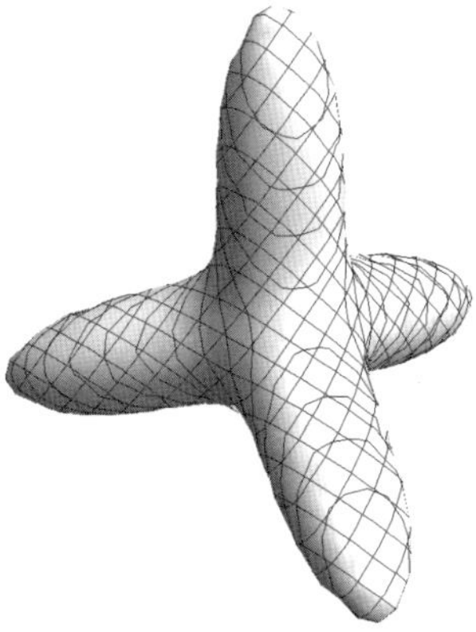

$x^4+y^4+z^4-10xyz-9=0$

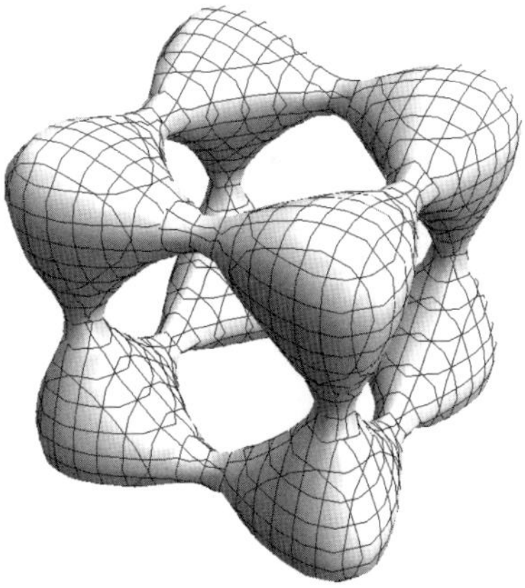

$(x^4+y^4+z^4)-5(x^2+y^2+z^2)+12=0$

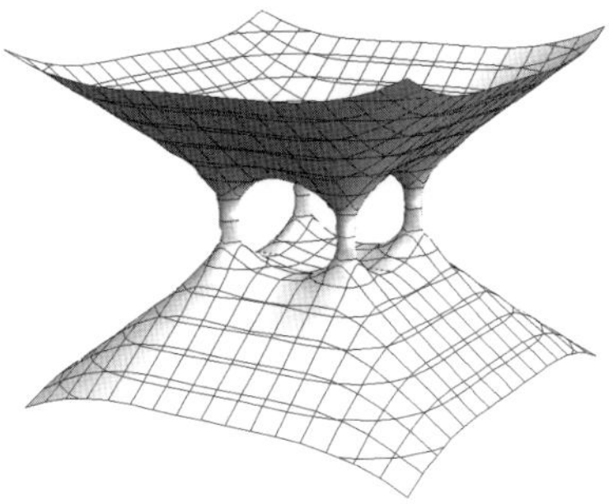

$x^4+y^4+z^4-5(x^2+y^2+z^4)+12=0$

図2-52　4次式で表される数理曲面の例

♦コラム♦　非ユークリッド幾何学

平面幾何学では，三角形の内角の和は 180 度となる。しかし，ガウス曲率が 0 ではない曲面，すなわち広げて平面にすることができない曲面上では三角形の内角の和は 180 度とならない（図 2-53）。

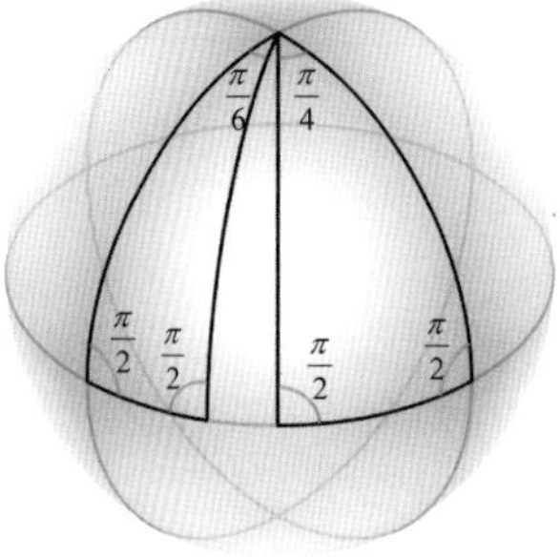

図 2-53　球面上の三角形の内角の和

このような，ガウス曲率が 0 ではない曲面における幾何学を非ユークリッド幾何学という。非ユークリッド幾何学では，平行線が交わる（図 2-54）など，平面上とは異なる性質が見られる。

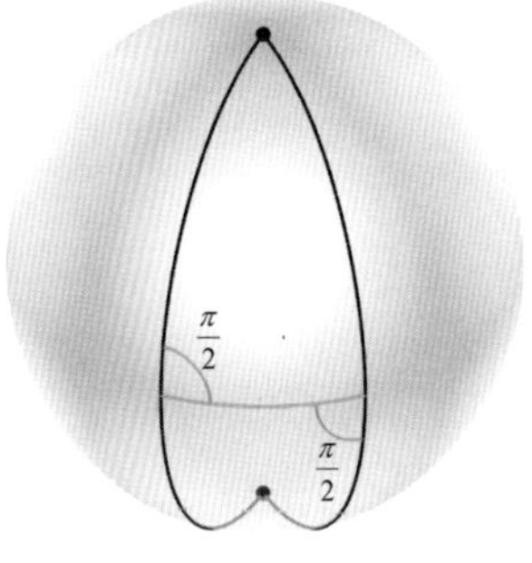

図 2-54　球面上で交わる平行線

一方で，球面上の三角形は内角の和から面積を求めることが可能である（図 2-55）など，球面上の幾何学には単純で分かりやすい公式も存在する。

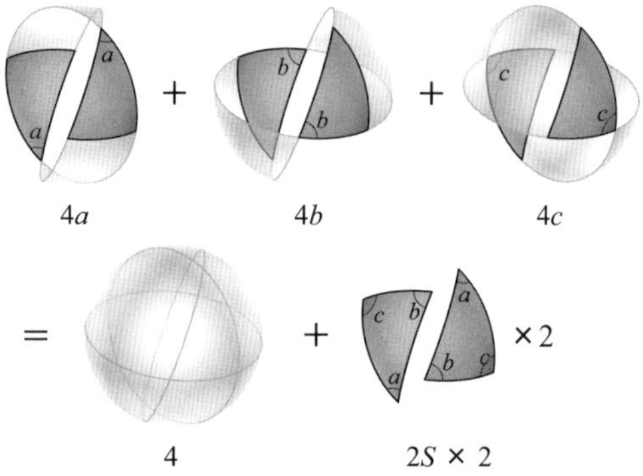

図 2-55　単位球面上の三角形の面積の求め方（三角形の面積 $S=a+b+c-\pi$）

2.4　建築や人工物との関係

2.4.1　多面体との関係

2.1.5 項で説明したジオデシックドームは，この多面体構造を活用したバックミンスター・フラーの名前から，フラードームと呼ばれることもある。この形状は，構成するすべての多角形が三角形であるため構造上有利であり，さまざまな規模のドーム状構造物がこの形状で建設されている。図 2-56 はフラーの設計によるモントリオール万国博覧会アメリカ館（1967）である。

図 2-56　モントリオール万国博覧会のアメリカ館（カナダ・モントリオール）※筆者撮影

2.4.2　多面体による空間充塡との関係

2.1.7 項で，多面体による空間充塡の説明を行った。この一部は建築のトラス構造などに活用されている。

図 2-57 は，正四面体と正八面体による空間充塡（図 2-18 参照）を，正八面体の中央で水平に切断した形状である。これはバックミンスター・フラーの命名により，オクテット・トラスと呼ばれている。オクテット・トラスは構造的に非常に有利であるため，巨大な屋根構造などに活用されている。

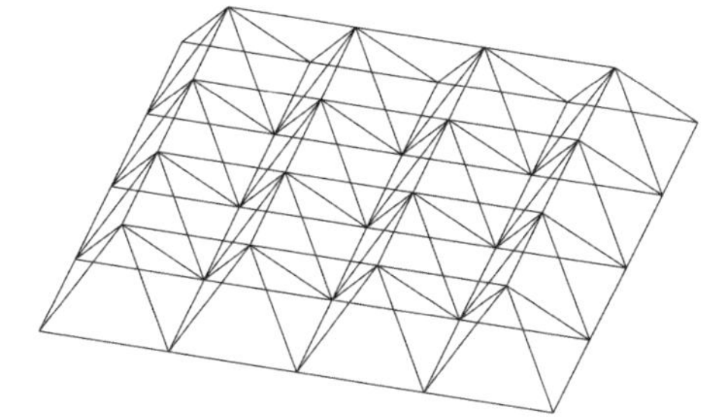

図 2-57　オクテット・トラス

2.4.3　空間曲線との関係

らせん階段の手すりはつるまき線となることが知られている（図 2-58 左）。また，つるまき線を真横から見ると，サインカーブとなる（図 2-58 右）。

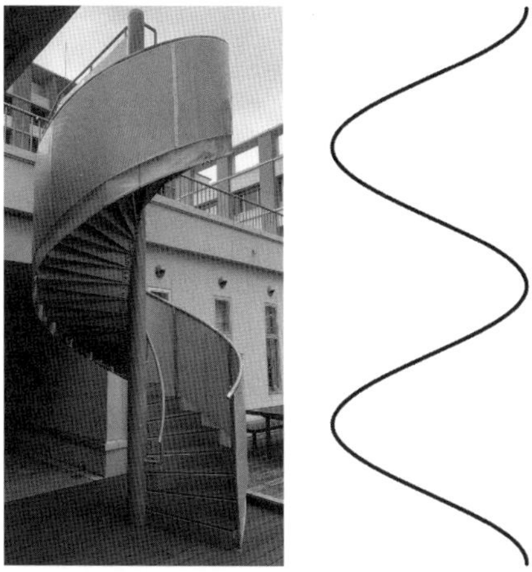

図 2-58　つるまき線（左：らせん階段の手すりに現れるつるまき線，右：正面図はサインカーブとなる）※左は筆者撮影

交差ヴォールトはアーチを交差させた天井構造として知られ，アーチの曲面どうしの交線が曲線となる。特に，交差するアーチの形状が同一の場合，交線は平面曲線となる（図 2-59）。これは図 2-30 に示した円柱と円柱のケースと同様である。

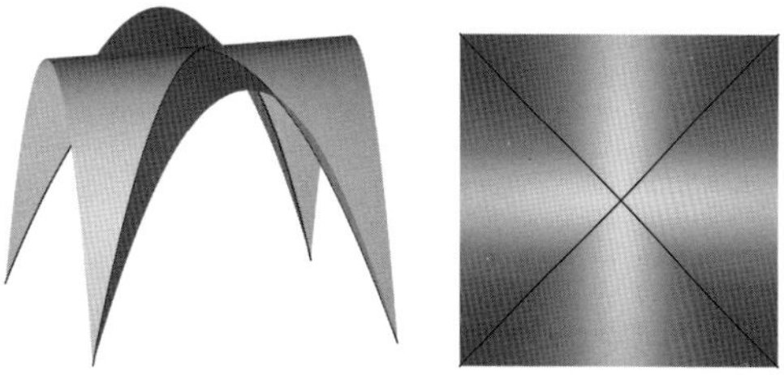

交差ヴォールト　　交線の平面図

図 2-59　断面が同一形状（放物線）であるアーチを交差させた交差ヴォールト（左）と上から見たときの交線の平面図（右）

2.4.4　ねじれ面との関係

一葉双曲回転面は，二重線織面とすると極めて構造的に優れた形状となる。このため，上部に給水タンクを備えた給水塔などでこの形状が用いられることが多い。図 2-60 は，この形状を用いた塔（神戸ポートタワー，神戸市）であ

図 2-60　一葉双曲回転面を用いた塔（神戸ポートタワー，神戸市）※筆者撮影

る。

一葉双曲回転面は，テンセグリティ構造をもつオブジェ等にも見ることができる（図 2-61）。テンセグリティ構造は圧縮材が互いに接続されない構造である。

図 2-61　テンセグリティ構造をもつ一葉双曲回転面のオブジェ（“V-X-Kenneth Snelson”，アメリカ・ワシントン D.C.・ナショナルギャラリー）※筆者撮影

また，図 2-62 は，双曲放物面を用いた建築物（須磨水族園，神戸市）である。

図 2-62　双曲放物面を用いた建築物（須磨水族園，神戸市）※筆者撮影

2.4.5　一般複曲面との関係

図 2-40 に示したように，一般複曲面はものづくりの観点からのメリットがなく，工業製品のように型を作って大量生産することもできないので，建築物の形状としてはあまり多くは用いられてこなかった。しかし，CAD 技術や施工技術の向上により，自由な曲面を用いた建築物も提案されている（図 2-63 東大門デザインプラザ）。

図 2-63　一般複曲面を用いた建築物（東大門デザインプラザ，大韓民国・ソウル）※筆者撮影

今後，3D プリンター技術や自動施工技術が向上していくと考えられるため，より複雑な一般複曲面を用いた形状の建築物が数多く出現することが予想される。

♦コラム♦　曲面の組み合わせによるデザイン手法

一般的に，線織面は複曲面に比べて自由度が小さいが，曲面を組み合わせることで自由度の大きなデザイン手法とすることができる。ヤニス・クセナキスは，建築家ル・コルビジェと共同で設計を行ったブリュッセル万博フィリップ

図 2-64　ブリュッセル万博フィリップス館（ベルギー・ブリュッセル，図版制作：宮崎興二氏）

ス館（図 2-64）において，線織面である双曲放物面と錐面を複数組み合わせて形状をデザインし，線織面の組み合わせで複雑な面を構成する手法を示した。

この手法は，線織面の両端が直線になることを利用して，複数の線織面を組み合わせていくものである。

一方で，可展面の組み合わせによるデザイン手法も提案されている。図 2-65 に示すように，任意の曲線に平行移動・拡大縮小・回転という操作を加え，操作前後の曲線を対応する点で結ぶと，平行移動では柱面，拡大縮小では錐面，回転では柱面が生成される。ただし，回転の場合には，元になる曲線が平面曲線で，回転軸と平面曲線が同一平面内に存在する場合に限る。

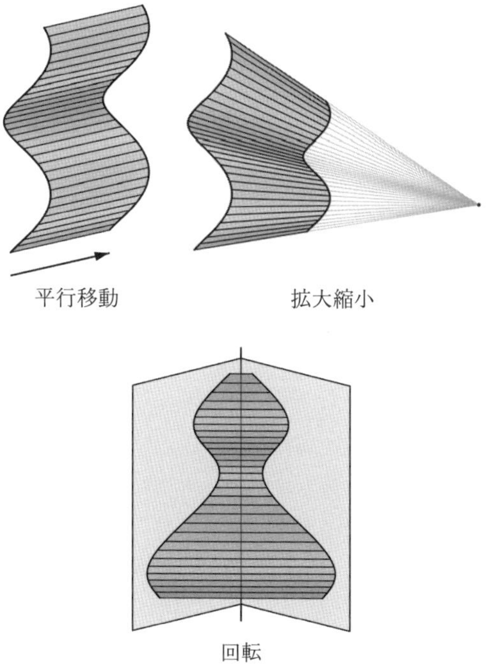

図 2-65　曲線の操作による可展面の生成

曲線に対する操作を連続して行った場合，その曲線を端部として複数の可展面がつながることとなる（図 2-66）。

ヤニス・クセナキスによる手法が，母線である直線要素で連続しているのに対し，この手法は導線である曲線要素で連続することとなる。

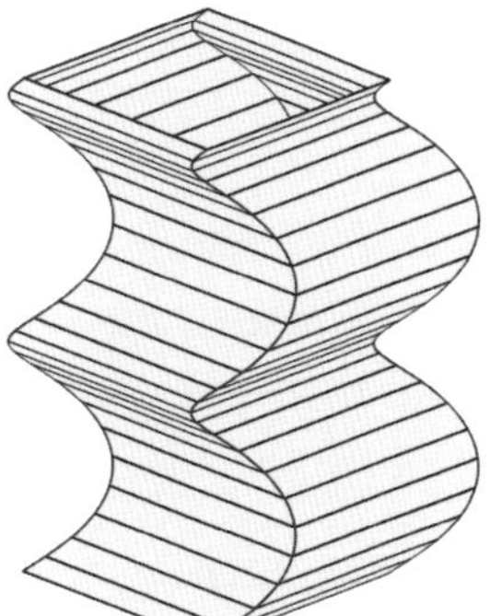

図 2-66　曲線の操作による複数の可展面の生成

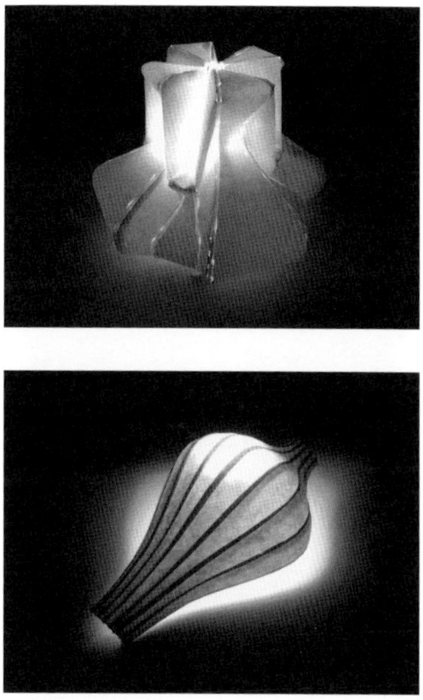

図 2-67　曲線の操作による手法で製作されたランプシェード（上：岡本真梨子氏製作，下：伏見公輔氏製作）

図 2-67 に，この手法を用いて製作されたランプシェードを示す。

参考文献

宮崎興二，多面体百科，丸善出版，2016

宮崎興二，建築のかたち百科―多角形から超曲面まで，彰国社，2000

阿部恒，すごいぞ折り紙―折り紙の発想で幾何を楽しむ，日本評論社，2003

日本図学会編，図学用語辞典，森北出版，2009

磯田浩，第3角法による図学総論，養賢堂，1967

磯田浩，鈴木賢次郎，工学基礎 図学と製図，サイエンス社，1984

鈴木広隆，曲線の操作（平行移動，拡大縮小，回転）に基づく可展面の生成とその組み合わせによるデザイン手法に関する研究，図学研究　48（1）3-10，2014

3 立体から平面へ

3次元の立体を2次元の紙上に表現する方法を「投象」と呼ぶ。これは平たく言えば，「図の描き方」である。この章では投象の種類，それぞれの投象の特色（長所と短所），考え方や作図の基本を概説する。

3.1 投象とは？

立体を表現するにはどんな方法があるだろうか？ 表現方法にはいろいろあり，「球」や「立方体」のように言葉で表現することもできるが，複雑な立体は，言葉だけでは正確に表現しにくい。

そんなときに有効なのが，「図（絵）」である。「投象《とうしょう》」とは，立体（3次元）を平面上（2次元）に写す方法で，平たく言えば「図の描き方」である。

図にはいろいろなものがある。写真のように忠実に描くものもあれば，イラストのようなものもある。正確な設計図（図面）も「図」である（図3-1）。

投象の基本的な概念は，図3-2のように示される。視点と立体，そして投象面（画面）があり，視点から立体へ投射線（視線）が発せられる。立体の主要な点を通る投射線と画面との交

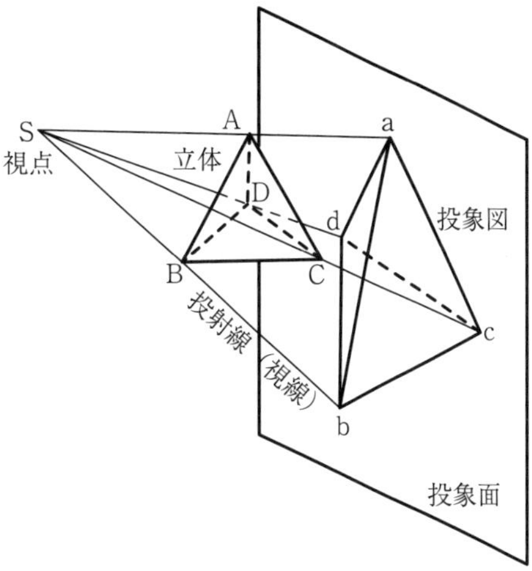

図3-2　投象の概念

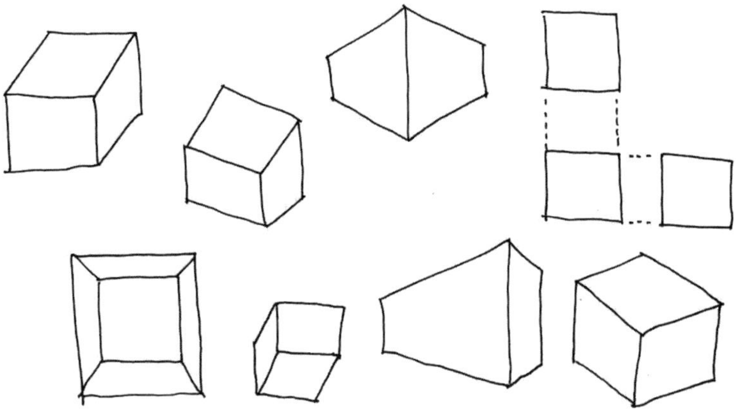

図3-1　図の描き方のいろいろ

点を求め，順番に結べば，画面上に図（投象図）が描ける。

3.2　投象の分類

いろいろな投象（図の描き方）があるのは，視点，投射線（視線），投象面（画面）の位置，立体（対象物）の配置，それら相互の関係などの違いによる。それらを整理すると図3-3のようになる。

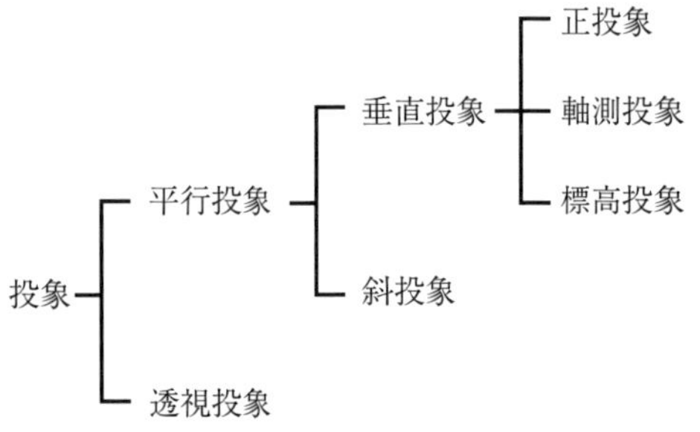

図3-3　投象の分類

投象はまず平行投象と透視投象に分かれるが，これを分けるのは「視点の位置」である。透視投象は，視点が有限の位置にあり，そこから投射線が放射状に広がると考える（図3-2）。視点を投象面から遠ざけていくと投射線はだんだん平行に近くなり，視点が無限遠にあると考えれば，投射線は完全に平行になる。これを平行投象と呼ぶ。

平行投象は，さらに垂直投象と斜投象の2つに分けられる。投象面と投射線が直交するものを垂直投象と呼ぶ。

垂直投象は，さらに正投象，軸測投象，標高投象の3つに分けられる。立体や空間を表すのに互いに直交する座標軸（X, Y, Z軸）を設定することが多いが，正投象では，その3軸のうちのいずれか1軸が投象面と直交するように設定して描く（図3-5，図3-6）。一方，軸測投象は，3軸すべてが1つの投象面と交わるように，つまり，いずれの軸も投象面に直交しないように設定して描く（図3-7，図3-8）。標高投象は，

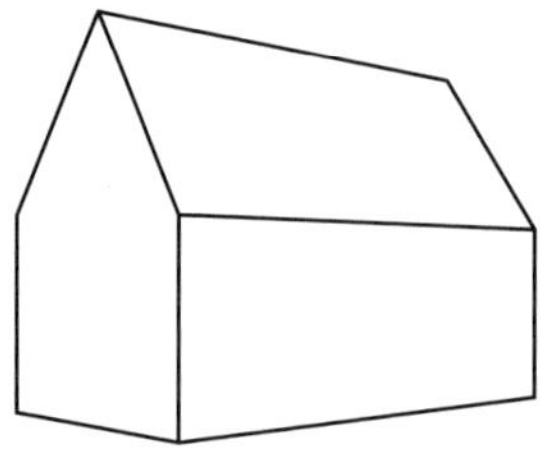

図3-4　透視投象による作図例

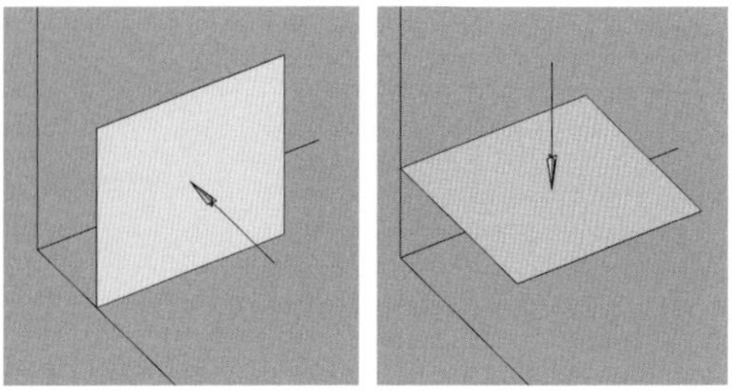

図3-5　座標軸・投象面・投射線の関係（正投象）

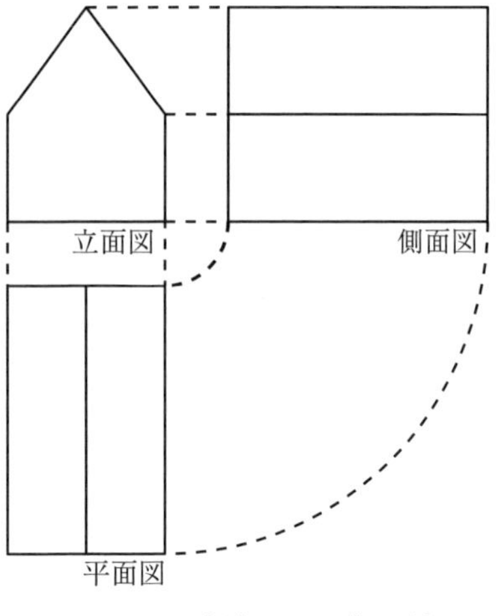

図3-6　正投象による作図例

正投象で描いた投象図に，立体の各点から投象面（あるいは基準となる面）までの距離を数値で書きこんだものである。地形図は標高投象による図の代表的なもので，同じ高さを結ぶ線（等高線）に高さを示す数値が添えられている。

斜投象は，投象面と投射線が斜交するものである。投象面は座標軸のいずれかと直交するように設定されるが，投射線は投象面に対して直交しないように設定される（図3-9，図3-10）。

3.3　各投象の特徴（長所と短所）

それぞれの投象には長所と短所がある。

建築やものづくりでは設計図が欠かせないが，それらはほとんど正投象を用いて描かれている。正投象は，立体の大きさや形状を正確に表現できるからである。直交する3軸のうち，1軸が投象面に直交するように設定するということは，残りの2軸に関しては，形や寸法がそのまま図に示される。表れる2軸の組み合わせを変えて複数の図を描けば，正確に立体の様子を示すことができる。正投象は立体を把握するにあたって基本となる図である。だが正投象では，複雑な立体の実際の姿を知るには，複数の図から相互の関係を読み取り，頭の中で立体に組み立てていく（想像する）能力が求められる。

一方，軸測投象や斜投象は立体の大きさや形状は正確に描けていない。たとえば軸測投象で立方体を描いたとき，各面は平行四辺形になっているし，斜投象ではかなりひずみのある図になることも多い。だが，立体がどんな姿をしているのか，図を読む知識がなくても形を大まかに理解できる。

投象のうち，有限の位置に視点が設定されているのは透視投象だけである。適切な位置に視点を設定すれば，実際に見たような図を描くことができるが，作図の手間がかなりかかる。一方，平行投象の「視点が無限遠にある」という状態は，実際にはあり得ないので，リアリティのある図にはならない。しかし，投射線が平行なので，作図をかなり機械的に行うことができる。のちに詳述するが，斜投象では正投象の図のいずれかが組み込まれている。逆に言えば，正投象の図を用いて斜投象の図を手早く描くことができるということで，図として歪みが多少あっても，説明図などの作成には有利である。

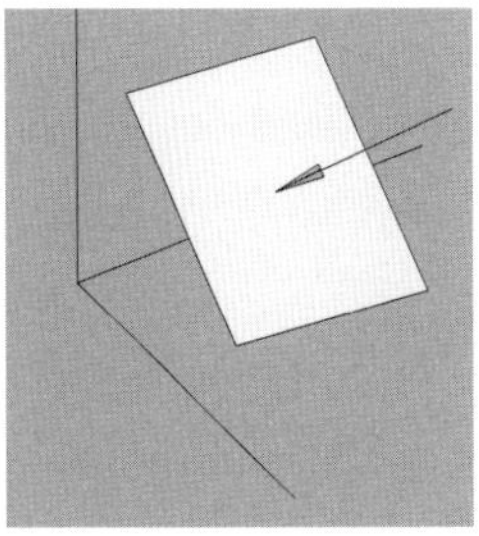

図3-7　座標軸･投象面･投射線の関係（軸測投象）

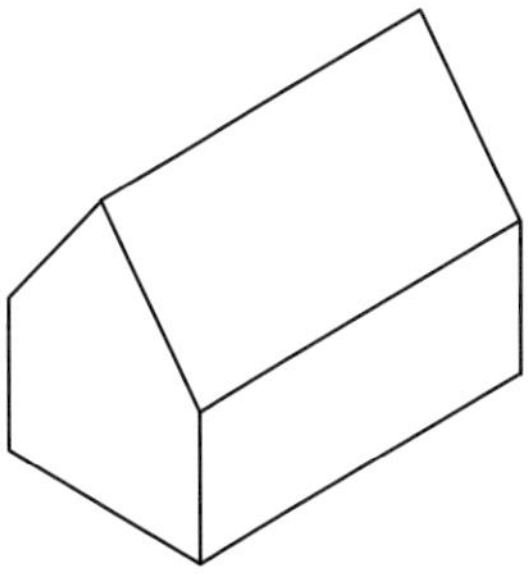

図3-8　軸測投象による作図例

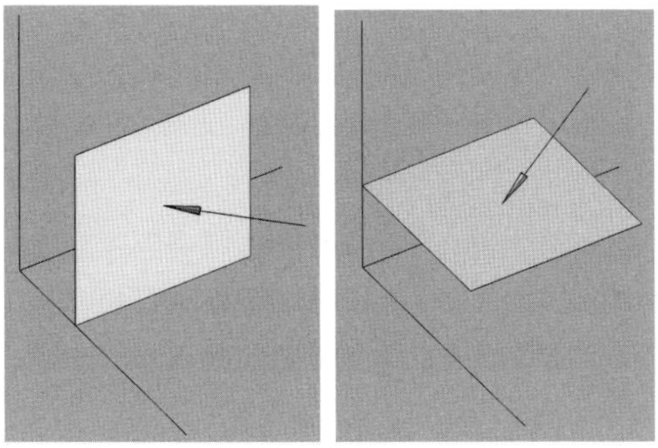

図3-9　座標軸・投象面・投射線の関係（斜投象）

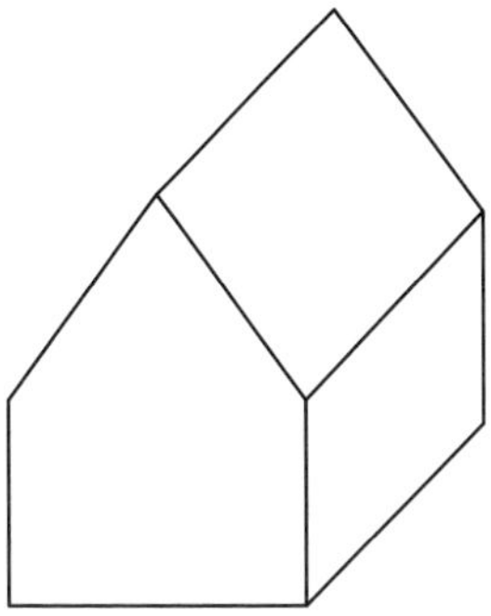

図3-10　斜投象による作図例

3.4　各投象の作図

3.4.1　正投象

正投象は立体を描き表すにあたって基本となる投象である。正投象は，座標軸のいずれか1軸に直交するように投象面を設定し，その投象面に直交する投射線を用いて図を描く。

図3-11のような座標空間に立体があり，座標軸のいずれかと直交するように投象面を複数設定してみる。Z軸と直交するように設定した投象面は水平面となり，そこへ描かれる図は，立体を真上から投象した図となる。これを図学では「平面図」と呼ぶ。X軸と直交する方向に設定した投象面には，立体をX軸方向から水平にみた図が，Y軸と直交する方向の投象面にはY軸方向から水平にみた図が描かれる。これらの図を「立面図」と呼び，複数あるときは，正面図と側面図などの呼称で区別する場合もある。

前節でも述べた通り，正投象では，投象面と平行な面については大きさや形が正確に描かれている。図3-12では，立面図（正面図）は，立体の1面の大きさや形がそのまま表現されている。ただし，側面図では屋根のような勾配のある面が投象面と平行でなく，そのままの大きさ・形では描かれていない。

3.4.2　軸測投象

(a) 軸測投象の概念

軸測投象も正投象と同様，投象面に直交する投射線を用いる。正投象との違いは，投象面と立体（座標軸）の角度である。

正投象では座標軸のうち1軸は投象面に直交するように設定して描き，具体的に言えば，図形の主要な面を投象面に平行に配置することになり，その面に関しては，寸法や形状が正確に描ける。だが図形の形を示すには複数の図が必要になる。一方，軸測投象では，3軸はいずれも投象面に直交せず，投象面に1点で交わる3直線としてすべて表れるので，1つの図で立体の概容がわかる（図3-13，図3-14）。

図3-13と図3-14の違いは，画面と座標軸の関係の違いである。図3-13は3軸が120度で等しく交わり，3軸と画面が同じ角度で交わる関係にある。これを等軸測投象と呼ぶ。図3-14は3軸の交わる角度が異なる場合で，3軸測投象と呼ぶ。

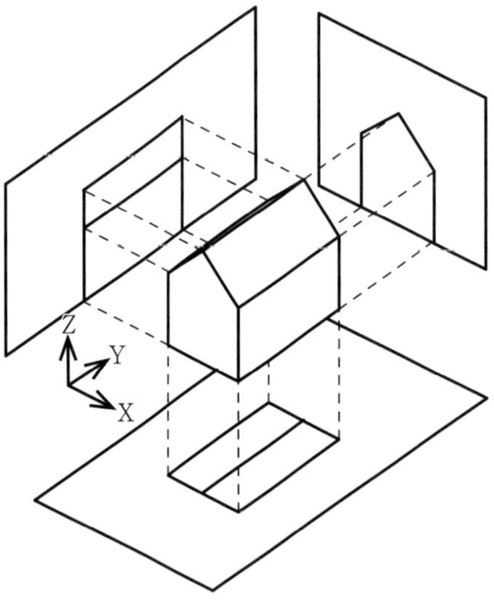

図3-11　正投象の概念

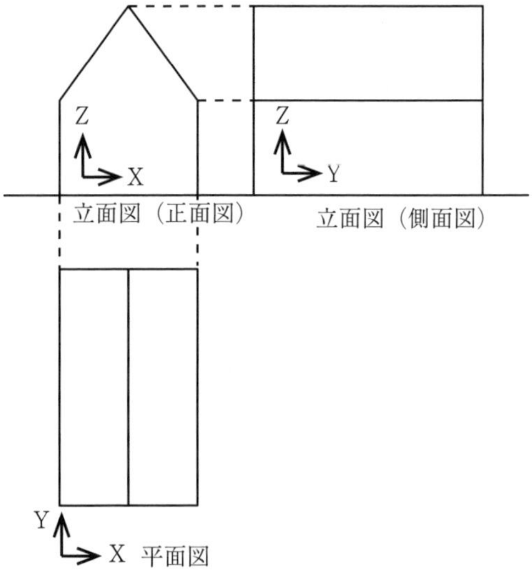

図3-12　正投象の平面図・立面図

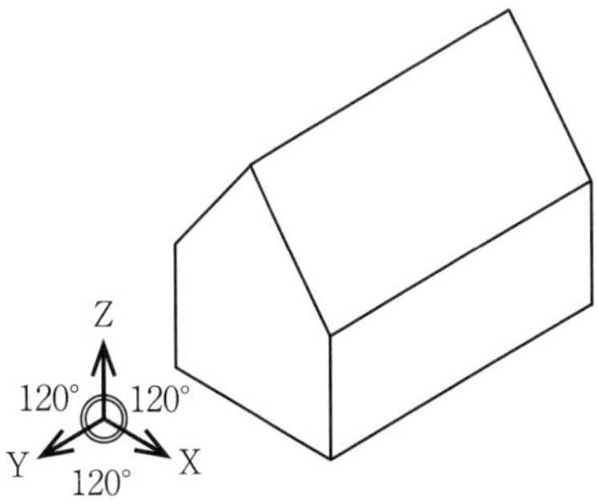

図 3-13　等軸測投象による作図

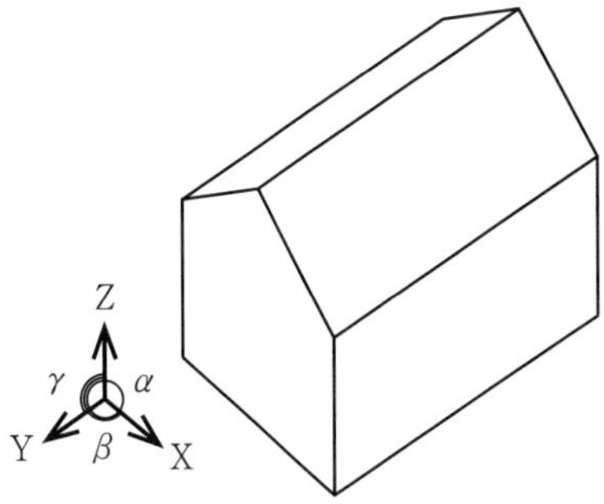

図 3-14　3 軸測投象による作図

(b) 軸測投象の作図

3 本の座標軸を投象することを考える。

図 3-15 のように，画面（PP）を水平に設定し，原点 O が頂点となるよう座標軸を設定し垂直に投象する。

PP に直交する投射線で描くと，主軸 OX は oX, OY は oY, OZ は oZ として描かれる。それぞれの比率，oX/OX, oY/OY, oZ/OZ を軸測投象の縮比と呼び，この縮比をもつ尺度を軸測尺と呼ぶ。主軸 OX, OY, OZ が投象面 PP となす角度（主軸の傾角）を α, β, γ とすると，oX/OX：oY/OY：oZ/OZ＝$\cos\alpha$：$\cos\beta$：$\cos\gamma$ で表され，これを軸測比と呼ぶ。軸測投象では，図は軸測比に応じた割合で縮小され，描かれる。

図 3-16 は図 3-15 の状態を真上から見た図で，3 本の座標軸（主軸）と投象面との交点（X, Y, Z）を結んだ三角形を跡《せき》三角形と呼ぶ。oX⊥YZ, oY⊥XZ, oZ⊥XY となり，原点 O の投象図 o は △XYZ の垂心である。

縮比を求めるには，主軸 OX, OY, OZ の実長を求める必要がある。3 つの主軸面を PP 上にラバットメントする。ラバットメントについては次章で解説されるが，投象面上の直線を回転の軸として，図形を投象面上に移す操作をいう。図 3-15 で主軸面 OYZ について具体的に言えば，主軸面 OYZ の三角形の平面を投象面上の直線 YZ を軸として回転させ，投象面上に平らにのばす操作といえる。他の主軸面もラバットメントして真上から投象した図が図 3-17 である。△o_1XY, △o_2YZ, △o_3ZX は，主軸面の実形となる。OX の実長は o_1X あるいは o_3X, OY の実長は o_2Y あるいは o_1Y, OZ の実長は o_3Z あるいは o_2Z であり，ここから縮比や軸測比を求めることができる。

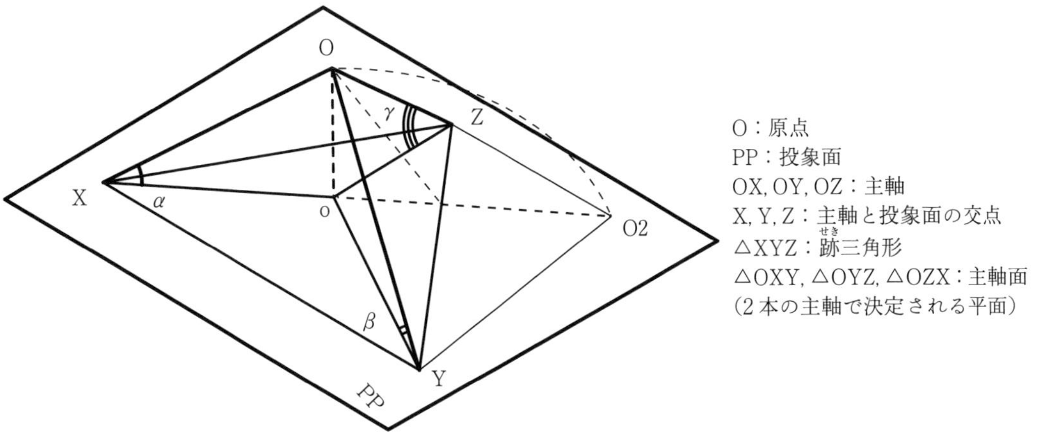

図 3-15　軸測投象の概念

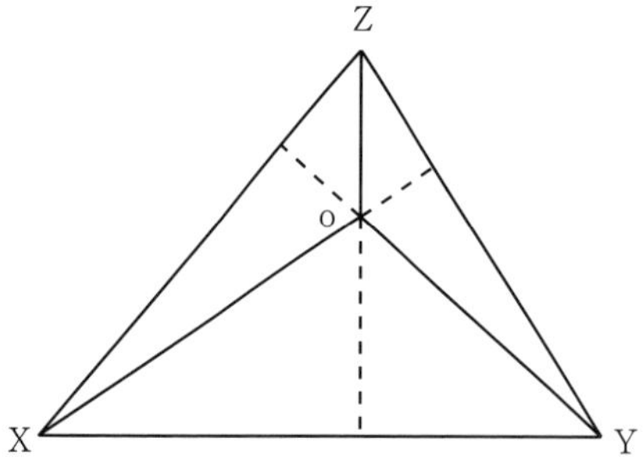

図 3-16　３軸測投象の跡三角形

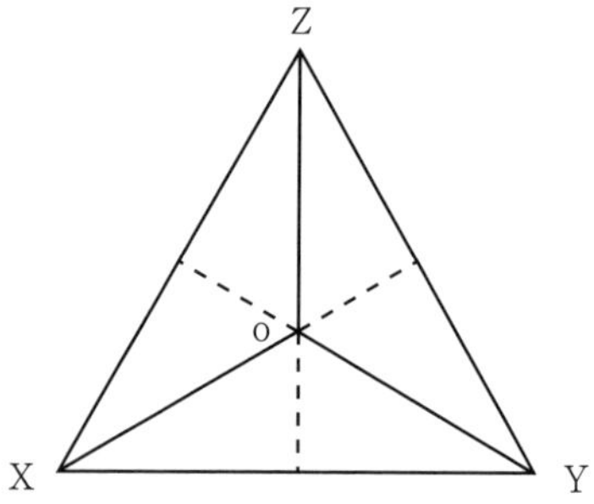

図 3-18　等軸測投象の跡三角形

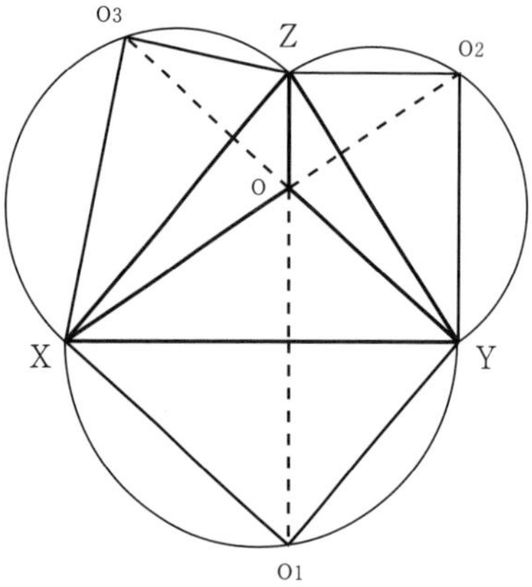

図 3-17　主軸面をラバットメント
（3 軸測投象）

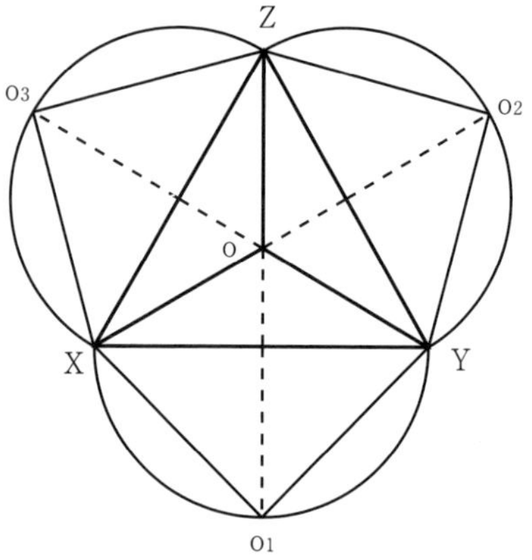

図 3-19　主軸面をラバットメント
（等軸測投象）

(c) 等軸測投象

等軸測投象は３つの主軸が同じ角度で画面と交わる，つまり図 3-15 の３軸の傾角 α, β, γ が等しいということである。この場合，跡三角形は正三角形（図 3-18）で，主軸面をラバットメントして実形を求めると，３つとも同じになる（図 3-19）。つまり，どの方向も同じ縮比をもつということになる。縮比を求めると，$oX/o_1X = \cos 45^\circ/\cos 30^\circ = \sqrt{2}/\sqrt{3} \fallingdotseq 0.82$ となる。

等軸測投象は，３方向が平均的に描かれる図となることから，説明図等によく使われる。また，isometric projection を省略して「アイソメ図」と呼ばれることも多い。

等軸測投象の場合，３方向とも，実寸の約 0.82 倍の図になる。３方向とも縮比が同じなので，120 度ずつに設定した座標軸に沿って原尺を使って，つまり実寸を使って描いても，実用上は問題がない。縮比を考えず，原尺を用いて描いた図を等測図と呼び，区別する場合もある（図 3-20）。

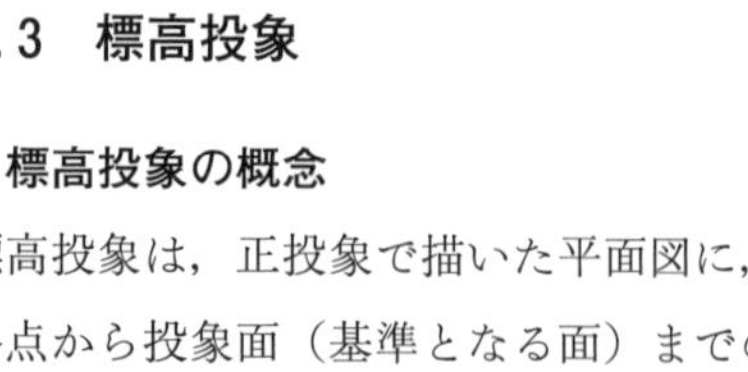

図 3-20　等測図とアイソメ図

3.4.3　標高投象

(a) 標高投象の概念

標高投象は，正投象で描いた平面図に，立体の各点から投象面（基準となる面）までの距離，つまり高さを数値で書きこんだものである。

点や直線を標高投象で表すと図 3-21 のようになる。正投象では，立面図で Z 軸方向の情報

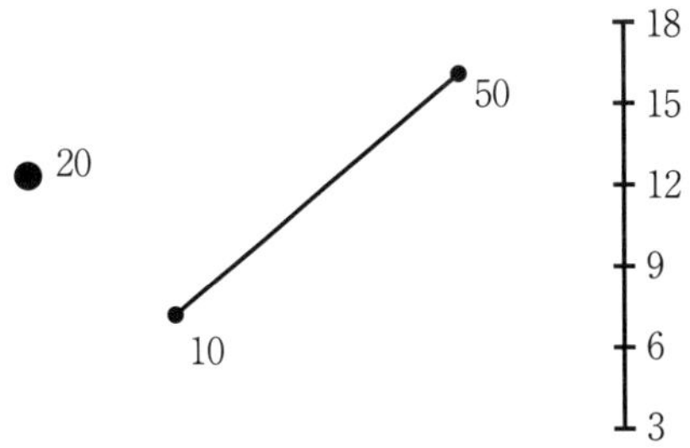

図 3-21　標高投象による点・直線の表現

（高さ）を表現するが，標高投象では，正投象の平面図に数値を添えて描くことで表現する。直線は始点と終点の高さを示したり，目盛りをうって，それぞれの点の高さを示したりする。

(b) 地形図や天気図

標高投象で描かれている図としてよく目にするのは，地形図（図 3-24）や天気図（図 3-25）である。等高線や等圧線で表現され，生活の中でもなじみ深い。

♦コラム♦　標高投象による平面の表現

第 1 章でも触れられているが,「平面」は母線と導線が直線の「面」である。図 3-22 に示すような，水平な基準面と角度をなす平面 T があるとき，標高投象ではどう示されるだろうか？

(1) 等高線で表現する

地形図などで，標高が等しい点を結んだものを等高線と呼ぶ。図 3-22 の平面 T は，水平な基準面との交線 CD を母線，AD ないしは BC を導線とする面と考えることができる。その等高線を考えると，母線 CD と平行な直線群となる。平面を標高投象で表すには，水平な基準面との交線（跡線）に平行な等高線で表すことができる（図 3-23 上）。

(2) 勾配尺で表現する

平面の傾きは一定なので，等高線の間隔は均等である。水平な基準面との交線に直交する方向に直線をひき，等高線の間隔の目盛りをふり，数値を書き添えたものを「平面の勾配尺」と呼ぶ。これによって平面を表現することもできる（図 3-23 下）。勾配尺は，平面の上方に向かって左側に太い実線を添えて表現する。

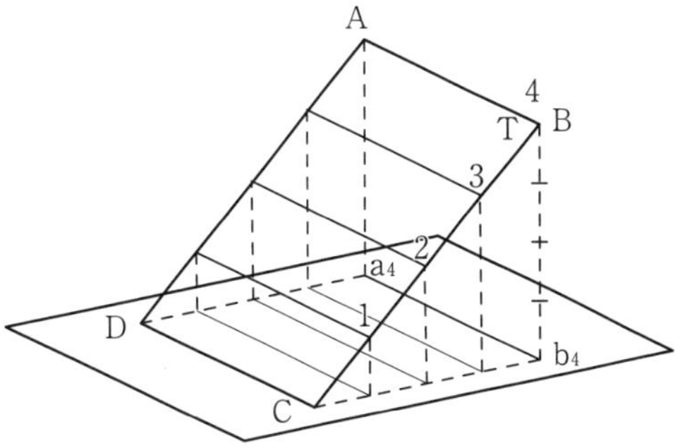

図 3-22　平面を標高投象で表現するには？

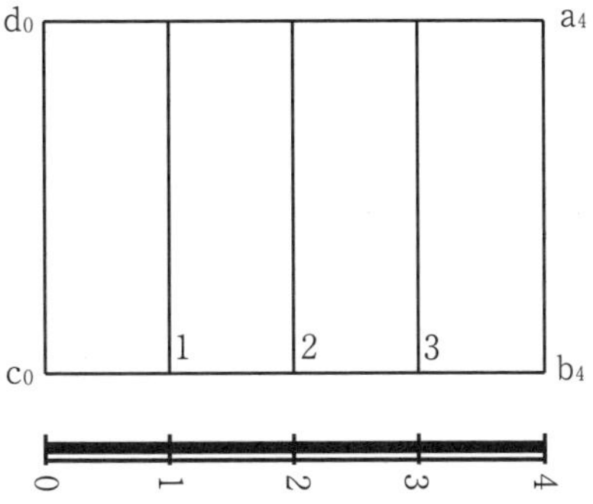

図 3-23　標高投象による平面の表現

図 3-24　地形図（国土地理院発行　1/25000 地形図（高槻）より）

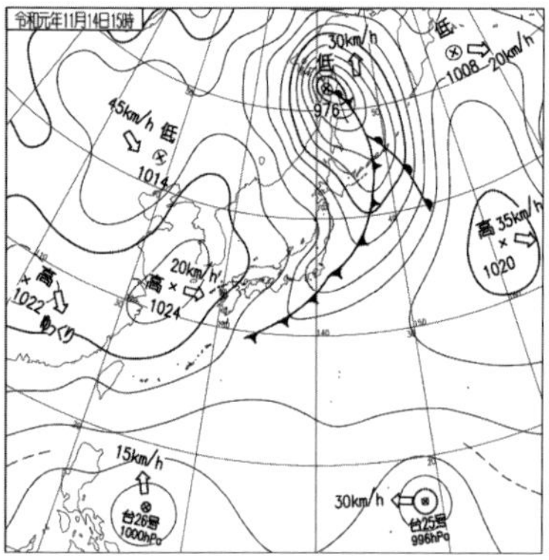

図 3-25　天気図（気象庁ホームページより）

3.4.4　斜投象

(a) 斜投象の概念

投射線が投象面に斜交するものを斜投象と呼ぶ（図 3-26）。斜投象はある程度ひずみのある図になるが，1 つの図で図形の形を大づかみにすることが可能である。正投象と同様に，座標軸のうち 1 軸が投象面と直交するように配置して斜投象で描くと，図形のある部分の実形を組みこむことができる。つまり，実形が表れた正投象の平面図や立面図があれば，簡単に説明用の見取り図などを作成することができる。

(b) 斜投象の作図

点 P を斜投象で作図する（図 3-27，図 3-28）。L で投射線の方向を示す。点 P の斜投象を得

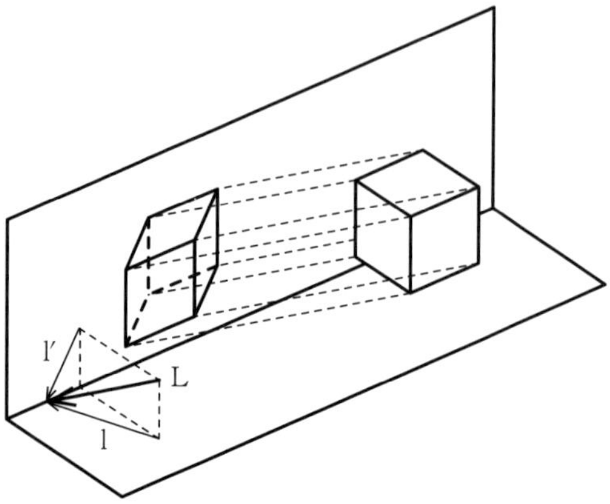

図 3-26　斜投象の概念

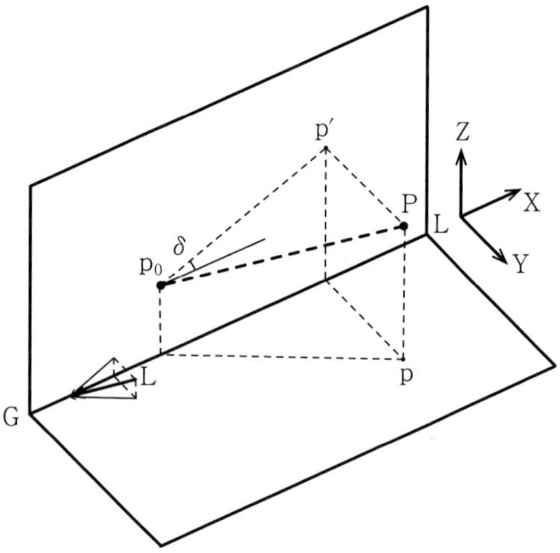

図 3-27　点 P の斜投象（見取り図）

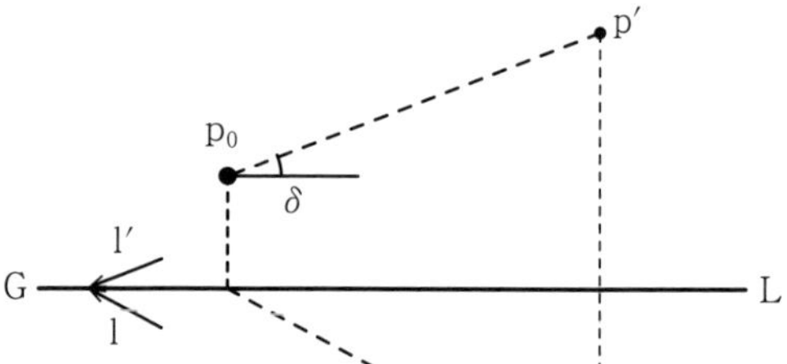

GL：基面（水平面）と画面（垂直面）の交線
p, p′：点 P の平面図，立面図
l, l′：投射線 L の平面図，立面図
p0：点 P の斜投象

図 3-28　点 P の斜投象

るには，P を通り L に平行な直線を描き，その直線と投象面との交点を求める。その交点が点 P の斜投象 p_0 となる。

図 3-27 の関係を正確に描くには 4.1.2 項で詳述される正投象での直線の表現の理解が必要だが，図 3-28 にそれを示す。p_0 が点 P の斜投象である。

投射線 L の向きは，図 3-28 に矢印で表されているように，平面図（l）と立面図（l′）で表現することができるが，$p'p_0$ と GL がなす角度 δ と $p'p_0/p'P$ の比 μ で表すこともできる。δ を斜投象の傾角，μ を斜投象の比率（縮小率）と呼ぶ。

上記の理論に従い，立方体の斜投象図を複面投像で描いてみる（図 3-29）。投射線の角度によっては水平な画面に作図される（図 3-30）。

図 3-29 を眺めてみると，図 3-29 の d_0-c_0-g_0-h_0 は立方体の正投象での立面図であり，その立面図に対し，斜投象の傾角 δ の方向に奥行き方向の寸法を斜投象の比率 μ を乗じて描き加えていることがわかる。つまり，傾角と比率を決めれば，正投象の図面の一部を用いて斜投象の図を描けることになる。図 3-30 では，a_0-b_0-c_0-d_0 は立方体の正投象での平面図であり，平面図に対し，傾角の方向に高さ方向の寸法を比率を乗じて描き加えているということになる。

投射線の方向 L が任意に設定できるということは，傾角 δ と比率 μ も任意に設定することができる。図 3-31 は傾角と比率を変えて同じ立方体を描いたものである。これらはいずれも図学的に正しい図だが，立方体（＝すべての辺の長さが同じ）には見えない図もある。傾角と比率の選択には気をつける必要がある。

垂直面に描かれる，つまり立面図を取り込んで描く斜投象をカバリエ投象，水平面に描かれる，つまり平面図を取り込んで描くものをミリタリ投象と呼ぶ。カバリエ投象のうち，$\delta=45°$，$\mu=1/2$ のものをカビネ（キャビネット）投象と呼ぶこともあり，比較的自然な図が得られ，作図も容易なので，よく用いられる。図 3-32 に正投象で示すような階段状の立体をそれぞれの投象で描くと図 3-33～図 3-35 のようになる。

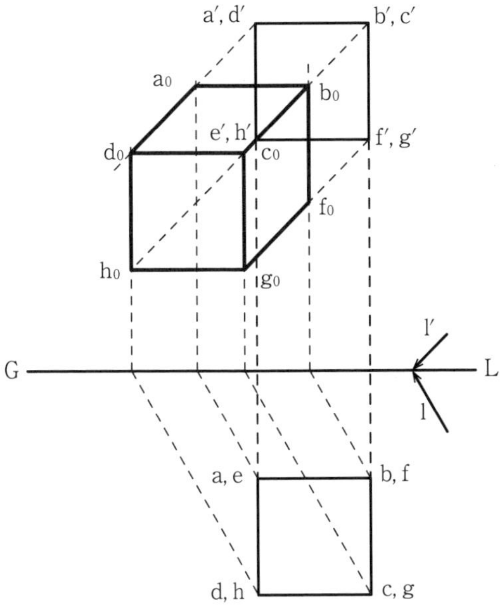

図 3-29　立方体の斜投象（垂直面への作図）

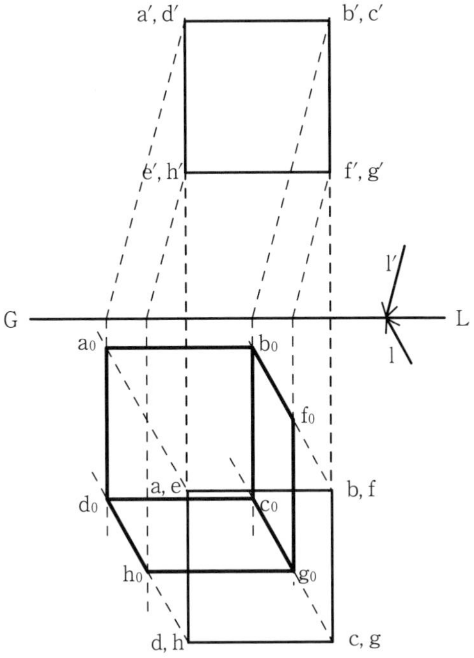

図 3-30　立方体の斜投象（水平面への作図）

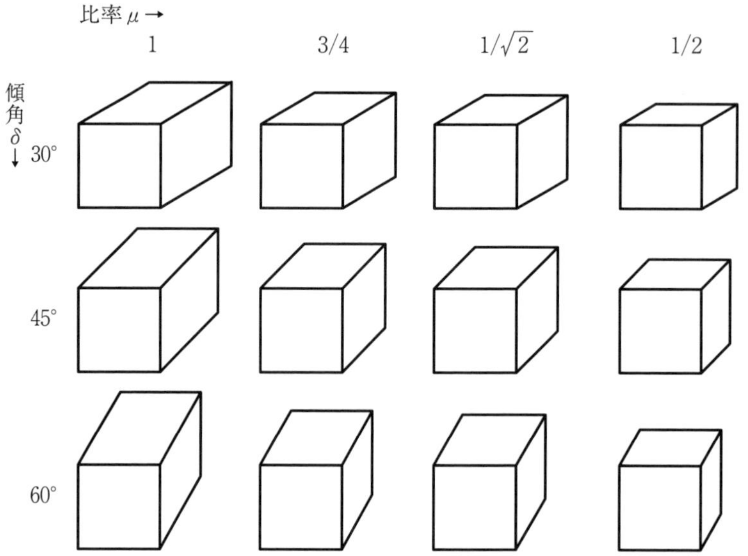

図 3-31　いろいろな斜投象

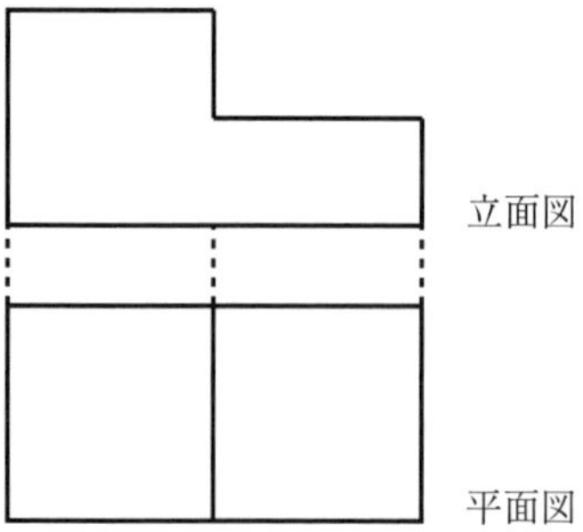

図 3-32　正投象

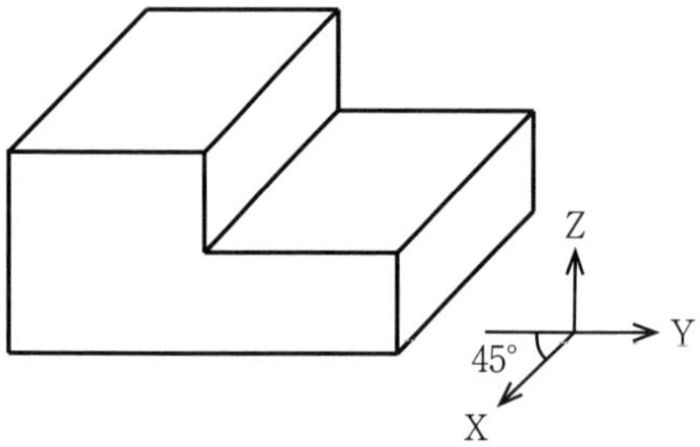

図 3-33　カバリエ投象
（$\delta=45°$，$\mu=1$）

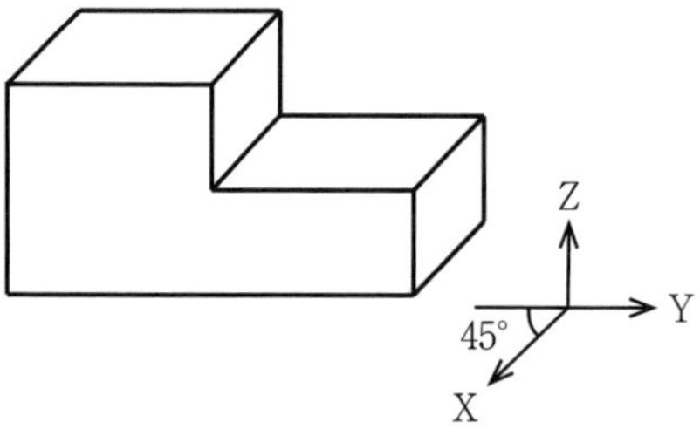

図 3-34　カビネ投象
（$\delta=45°$，$\mu=1/2$）

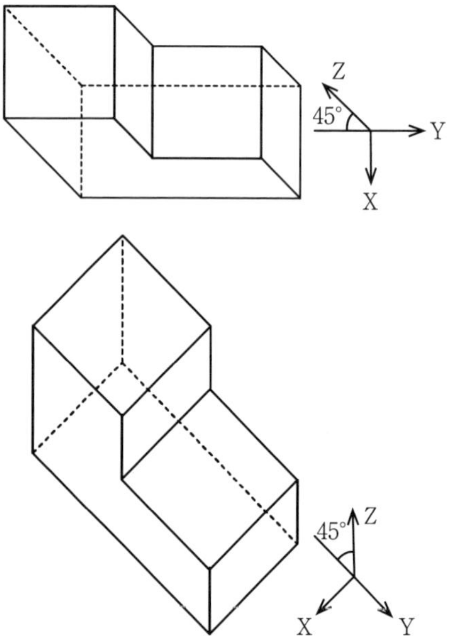

図 3-35　ミリタリ投象
（$\delta=45°$，$\mu=1$）

3.4.5　透視投象

(a)　透視投象の概念

透視投象は，視点が有限の位置にある投象である。他の投象は投射線が平行，つまり視点は無限遠にあると設定して描くため，実際に見た感じとは少々異なるのに対し，透視投象では視点の位置をうまく設定すると，よりリアルな図を得ることができる。

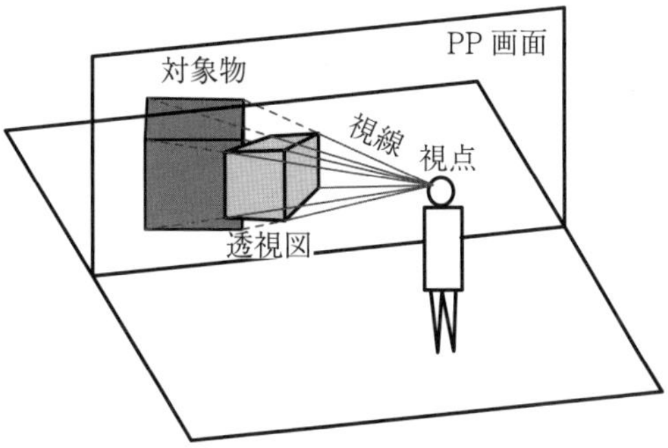

図 3-36　透視投象の概念

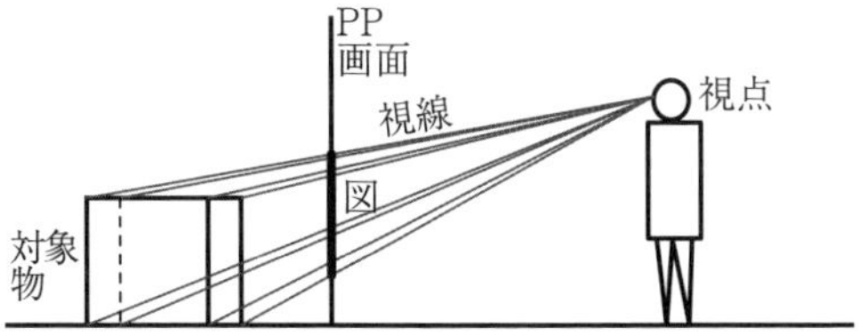

図 3-37　図 3-36 を真横から見ると…

図 3-36 のように，視点から対象物に投射線（視線）が発せられると考える。投射線と画面との交点が透視図となる（図 3-37）。

(b)　直接法

透視投象を理論通りに作図してみよう。図 3-38 は点 P の透視図を描くことを考えたものである。水平な基準となる面：基面（GP）上に，垂直な画面（PP）を設定し，画面の向こう側に対象物（点 P），画面の手前に視点（S）を設定する。視点の平面図を停心（s），立面図を視心（s′）と呼ぶ。GP と PP の交線を基線（GL）と呼び，s′を通り，GL に平行な直線を水平線（HL）と呼ぶ。S と P を結ぶ直線が視線（SP）であり，SP と画面との交点 p_0 が点 P の透視図

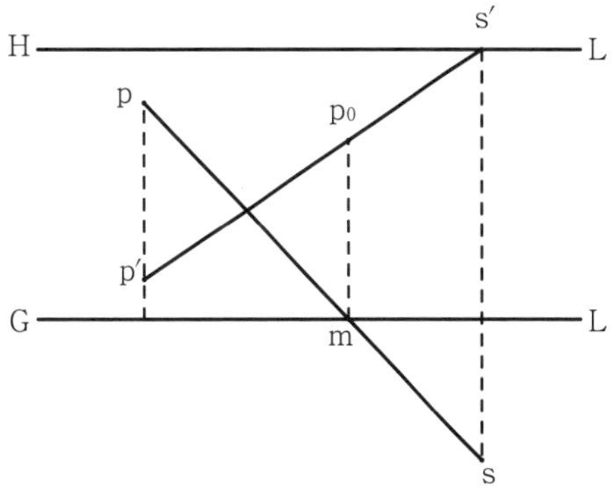

図 3-39　点 P の透視図

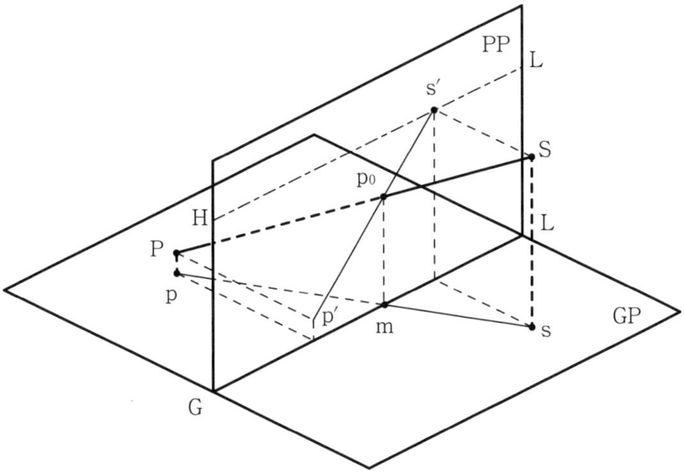

〈透視投象で使う記号〉
GP：基面（ground plane）
PP：画面（picture plane）
GL：基線（ground line）
S　：視点（visual point）
HL：水平線（horizontal line）
P　：対象物
SP：視線（visual line）
sp　：足線（foot line）
s′p′：目線（eye line）
s　：停心（station point：S の平面図）
s′　：視心（visual center：S の立面図）

図 3-38　点 P の透視投象（直接法）

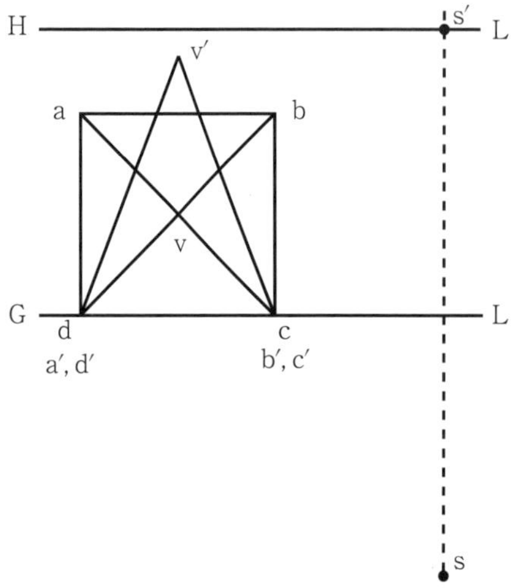

図 3-40　原則通りの表記

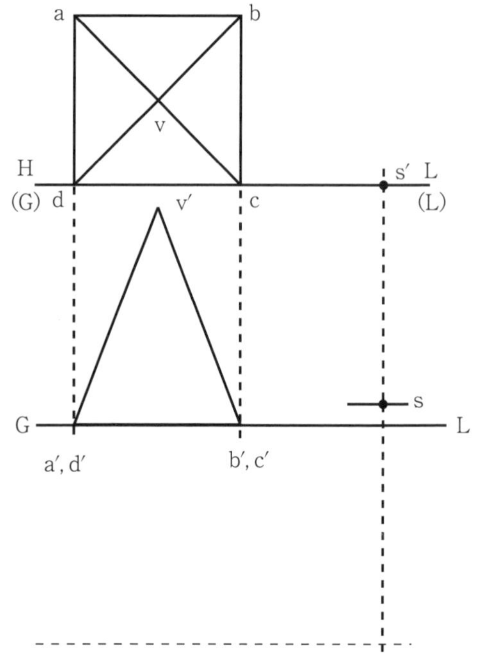

図 3-41　平面図を上方へ移動させて表記

となる。その関係を次章で詳述する複面投象で描くと，図 3-39 となる。この理論通りに作図する方法を直接法と呼ぶ。

図 3-39 は画面 PP に描かれたものと基面 GP に描かれたものが重なっている。複雑な立体の透視図を描こうとすると，大変わかりにくい図になる（図 3-40）。さらにこれから描く透視図もこれらの図の上に重なってくる。わかりやすく作図をするために，GP 上の平面図と，PP 上の立面図や透視図を上下に分けて描くことが多い。図 3-41 は，図 3-40 から平面図を HL と GL の差の分だけ上方に移動させたものである。このような操作を加えておくと，作図しやすい。なお，平面図を移動させる距離は任意に設定できる。

(c) 消点法

建物の写真を撮ると，平行線が遠くの１点に集まるような，いわゆる「パースの効いた」画像が得られるときがある（図 3-42）。この平行線が集中する点を消点と呼び，これを利用して

図 3-42　水平線は１点に集まるように見える

効率的に透視図を描くことができる。

画面 PP と平行でない半直線 N の透視図を描くことを考える（図 3-43）。

N の始点 A の透視図は視線 SA と画面 PP の交点 a_0 となる。半直線 N 上に点 B, C, D, E, … を定め，それぞれの点の透視図，b_0, c_0, d_0, e_0, … を求める。それらをつなげば，半直線 N の透視図が得られる。視線 SA, SB, SC, SD, SE, SF, …は，徐々に角度が変化し，視点 S を通り半直線 N に平行な直線に近づいていくことが想像できる。つまり，直線 N の無限遠を望む視線は，S を起点とする N との平行線に一致する。

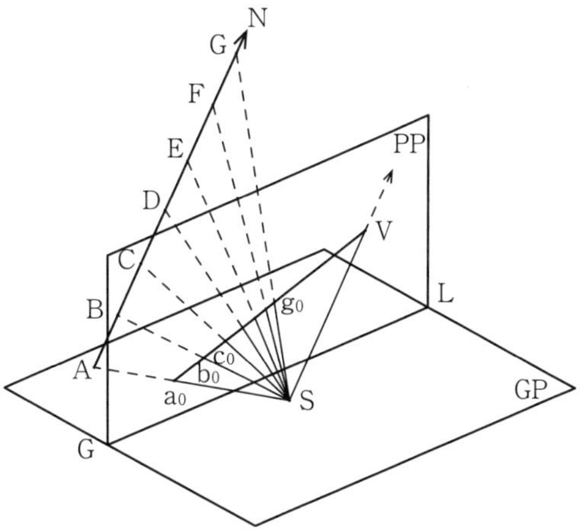

図 3-43　半直線 N の透視図（見取り図）

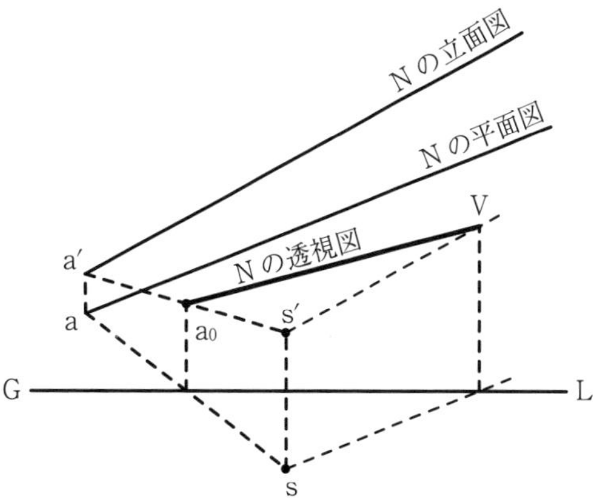

図 3-44　半直線 N の透視図

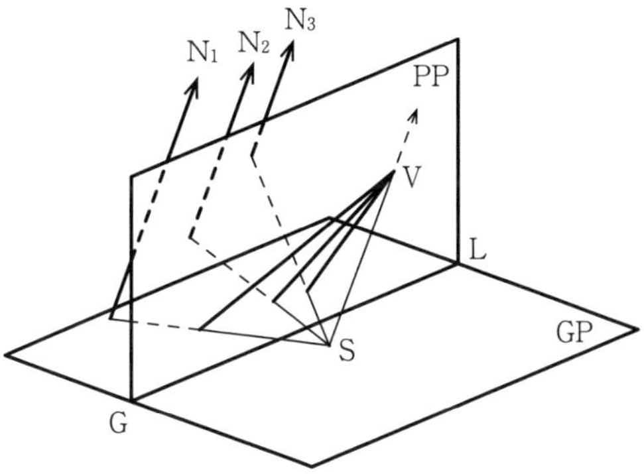

図 3-45　平行な直線の消点は 1 つ

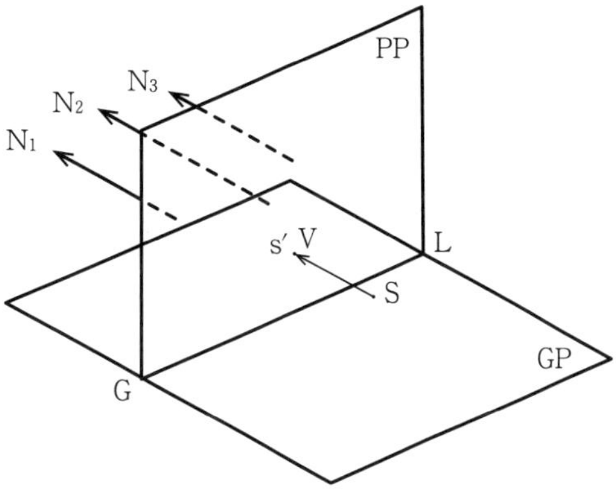

図 3-46　N は PP に垂直

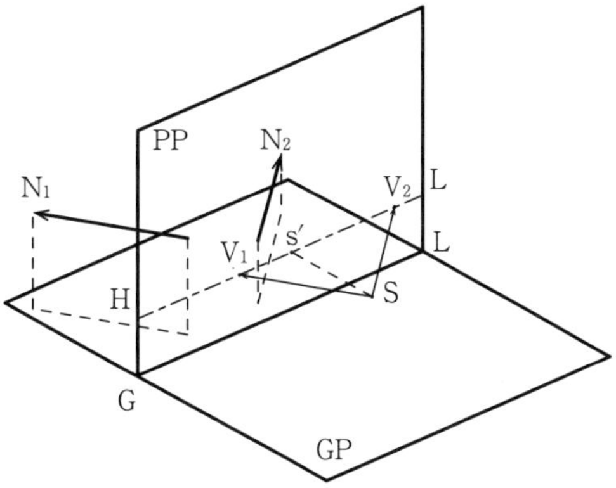

図 3-47　N は水平線

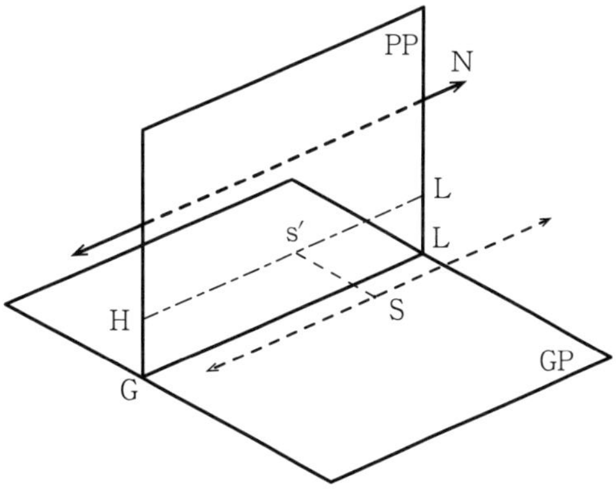

図 3-48　N は画面に平行

この直線と画面との交点を V とすると，半直線 N の透視図は a_0-V であり，V を直線 N の消点と呼ぶ。この関係を複面投象で正確に描くと，図 3-44 となる。

V は 1 本の直線の消点であるだけでなく，N に平行なすべての直線の消点となる（図 3-45）。

また，特殊な場合として，

・直線 N が画面に垂直なとき，消点は視心 s′ に一致する（図3-46）。

・直線Nが水平線のとき，消点は地平線HL上にある（図3-47）。

・直線Nが画面に平行であるとき，消点は存在しない（図3-48）。

という関係がある。それぞれの理由は図を見れば明らかである。

建物やまちなみ等は，水平・垂直な直線やグリッド状のフレームで構成されていることが多く，これらの透視図を描くときには，消点を求めた上で作図すると，効率がよい。

画面と描く対象となるものの配置によって，消点の数が変わる。奥行き方向だけに消点をもつものを1消点法（平行透視），2方向に消点を持つものを2消点法（有角透視），超高層ビルを見上げたときのように高さ方向にも消点をもつものを3消点法（斜透視）と呼ぶ。

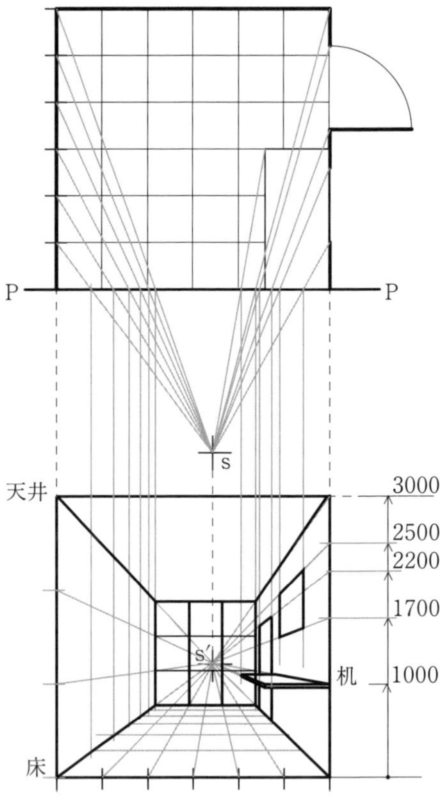

図3-49　1消点法による透視図の作図

・1消点法

奥行き方向のみに消点をもつもので，消点は視心（s′）に一致する（図3-49）。室内の様子などを描く場合に用いられる。

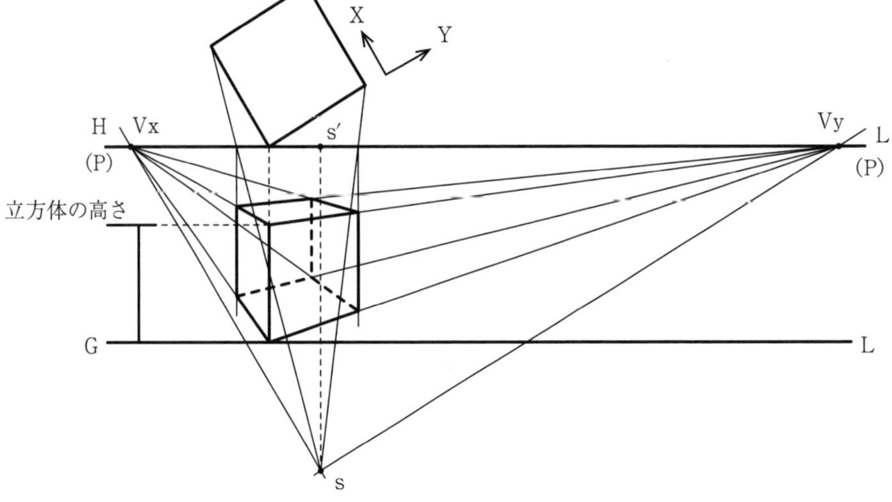

図3-50　2消点法による透視図の作図

・2 消点法

X 軸，Y 軸の二方向に消点をもち，高さ方向（垂直線）は平行になる透視図である。図 3-50 は立方体の透視図を描いている。立方体は X 軸，Y 軸方向の水平な辺と Z 軸方向の垂直な辺で構成されている。図 3-47 に示した通り，水平線の消点は水平線（HL）上にある。立方体を描く場合，s を通り，X 軸，Y 軸に平行な直線と HL の交点（V_x, V_y）をそれぞれ求めれば消点となる。また画面と接する部分は，実形・実長がそのまま透視図となる（図 3-51）。

建築物は直交する座標に沿って，水平・垂直な平行線を多用して作られている場合が多いので，2 つの消点を求めておき，順次描いていく方法は効率がよく，2 消点法はよく使われる。

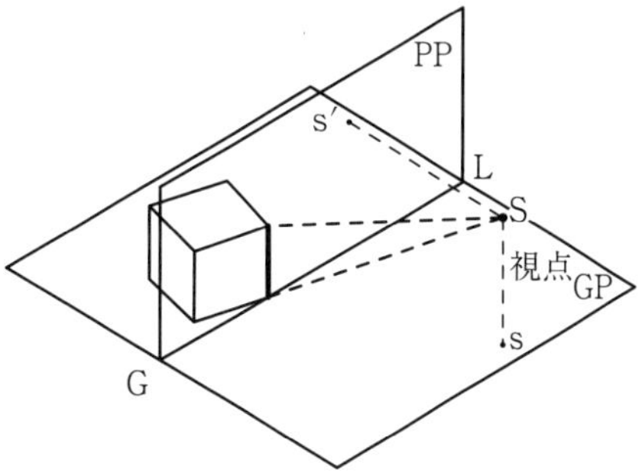

図 3-51　PP に接している部分は実長・実形がそのまま透視図となる

♦コラム♦　2 消点法で透視図を描く手順

1）描く対象物の平面図を準備し，視点を設定する。対象物は画面に対して角度をもたせて配置する。平面図の下方に GL を設定し，視点の高さを決め，地平線 HL を引く。上部の平面図と下部の立面図（画面）は垂直に揃えておく。

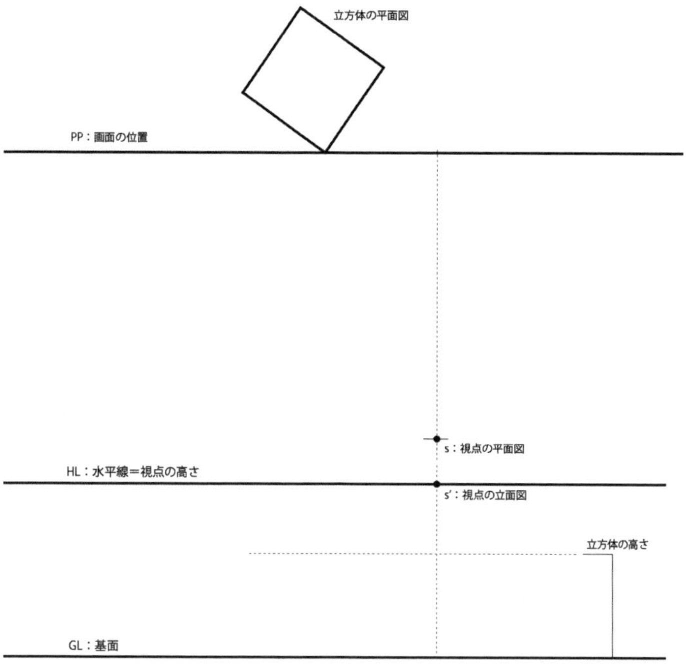

2）消点を求める。視点の平面図 s を通り，立方体の辺に平行な直線を引き，画面との交点を求め，垂直に下ろす。HL との交点が消点 Vx, Vy となる。（水平線の消点は地平線 HL 上にある。）

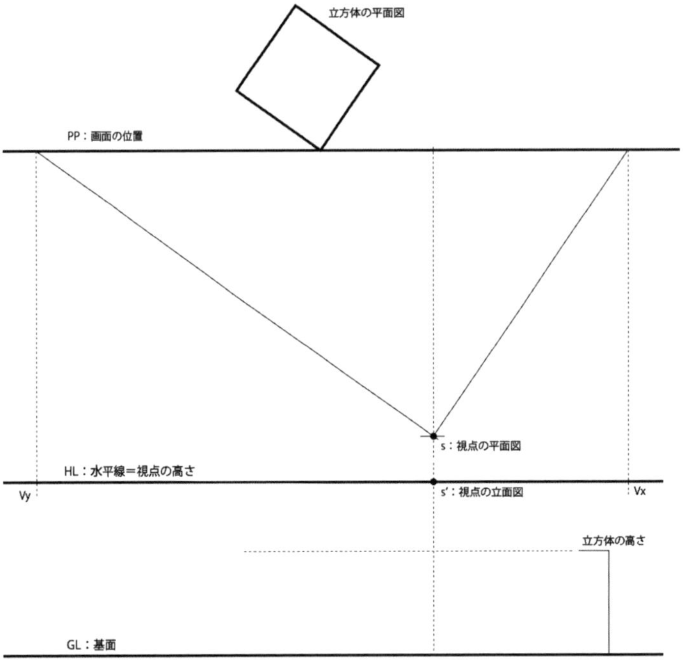

3）画面と接する垂直方向の辺を描く。画面と接する部分は，実長や実形がそのまま透視図となる。立方体の最も手前（A）の垂直方向の辺は，実際の辺（の立面図）が透視図となる。

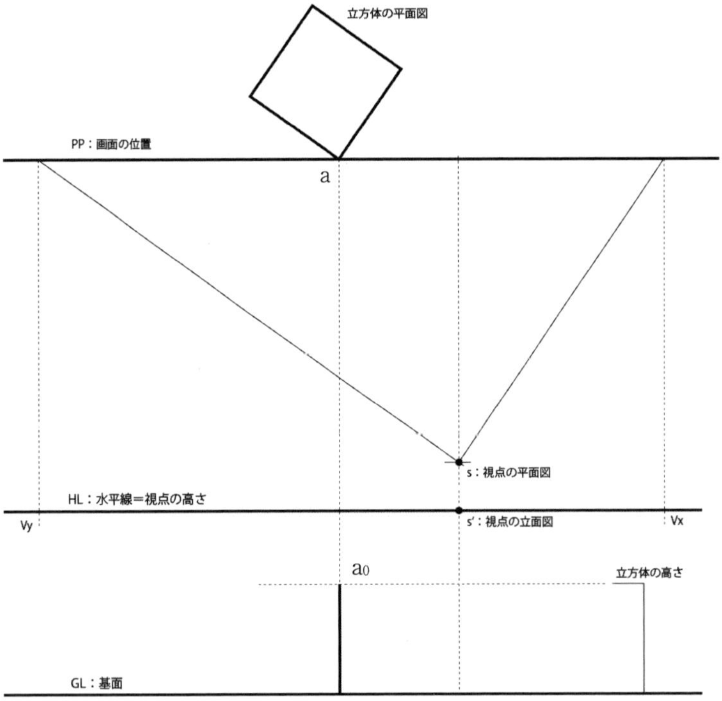

4）水平方向の辺の透視図を，消点を用いて描く。

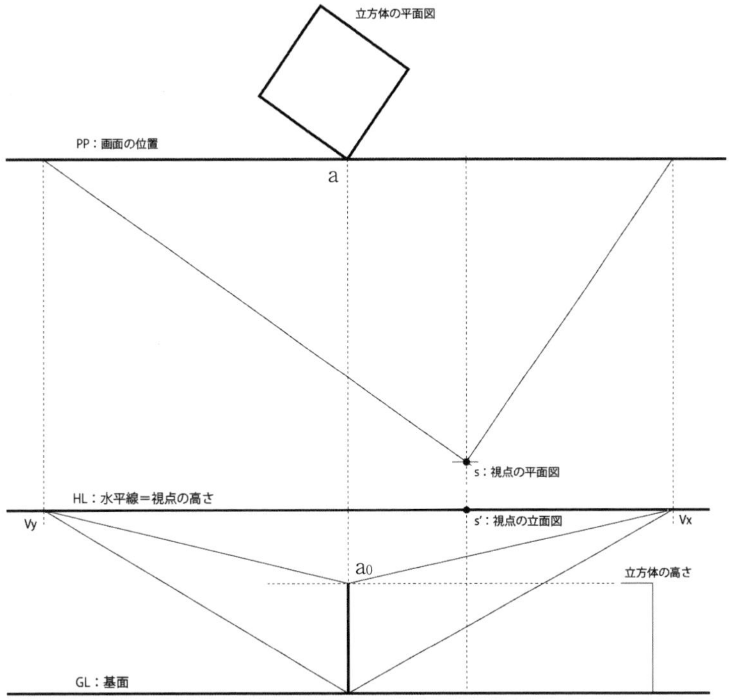

5）頂点 B, D の位置を求める。視点（の平面図）から B, D へ視線（の平面図）を描き，視線と画面との交点の位置を求める。その交点を垂直に下ろす。

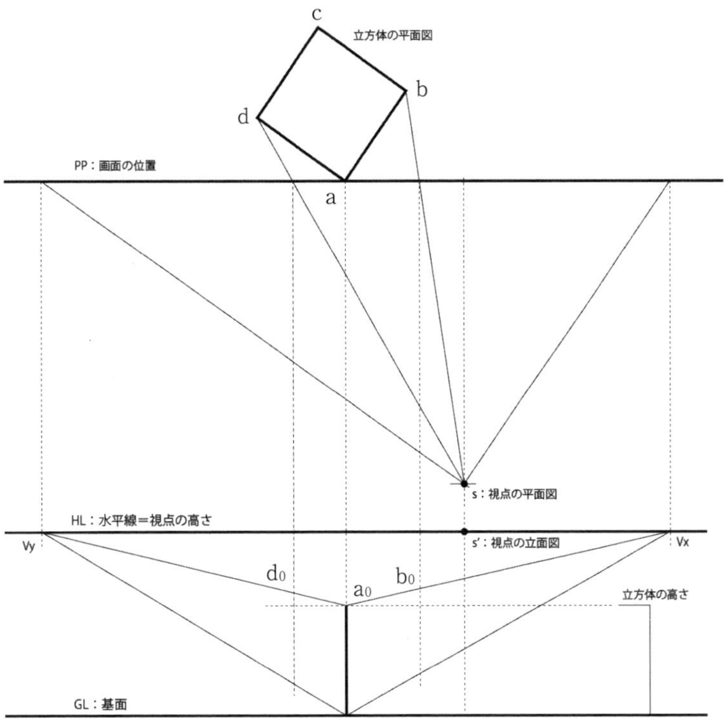

6）消点を用い，さらに描き進めていく。

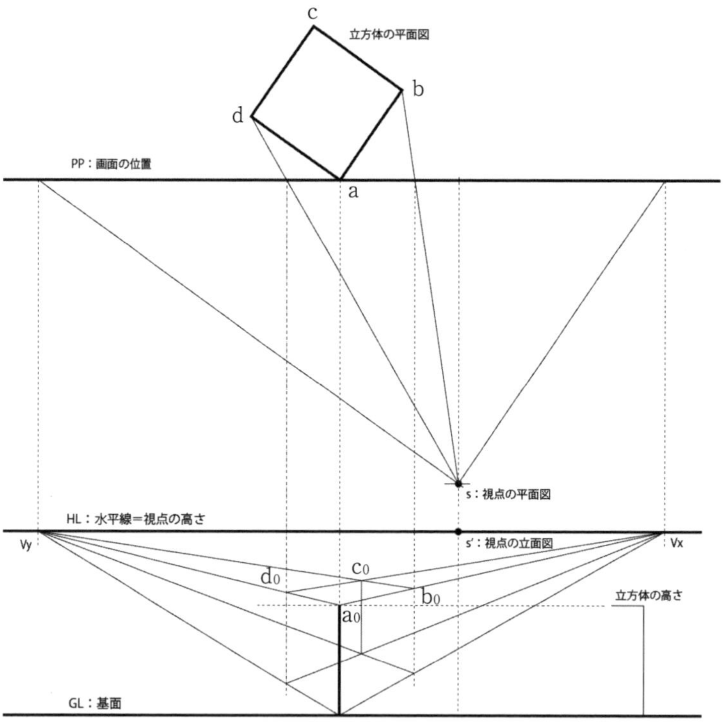

7）立方体の透視図の完成。

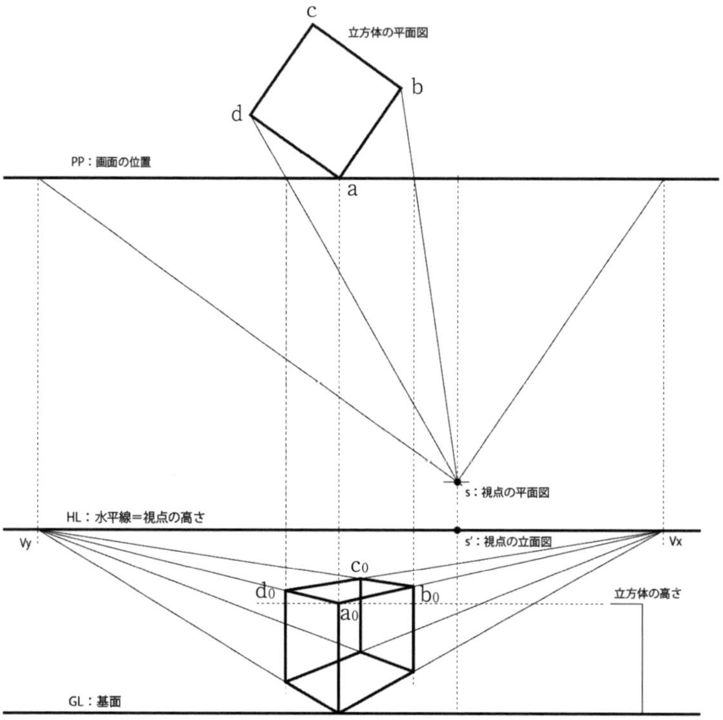

(d) 透視図の陰影

立体物に光線が当たると，水平面（地面）に立体物の影（shadow）が生じる。また立体そのものの表面にも陰（shade）ができる。これらを合わせて陰影と呼ぶ。光線には平行光線と発散光線の2種がある（図3-52，図3-53）。透視図は建物の完成予想図など，計画中のものをリアルに体感させるために描くことが多い。立体感を高めるために，透視的に陰影をつけることがある。

正投象での陰影の作図については第4章で詳述するが，立体の透視図を描く際に用いる正投

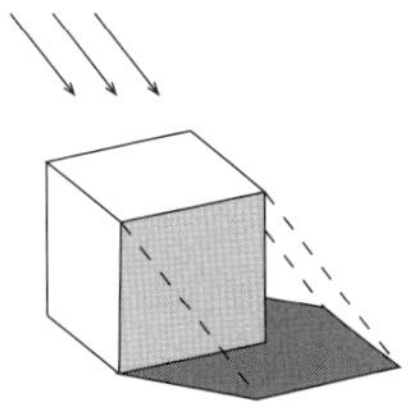

図3-52　平行光線による陰影

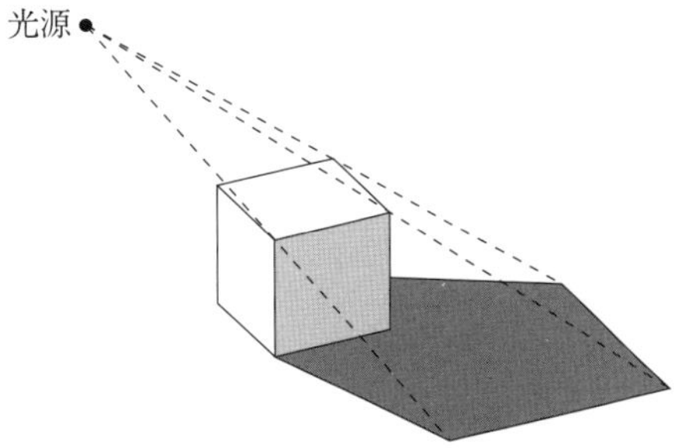

図3-53　発散光線による陰影

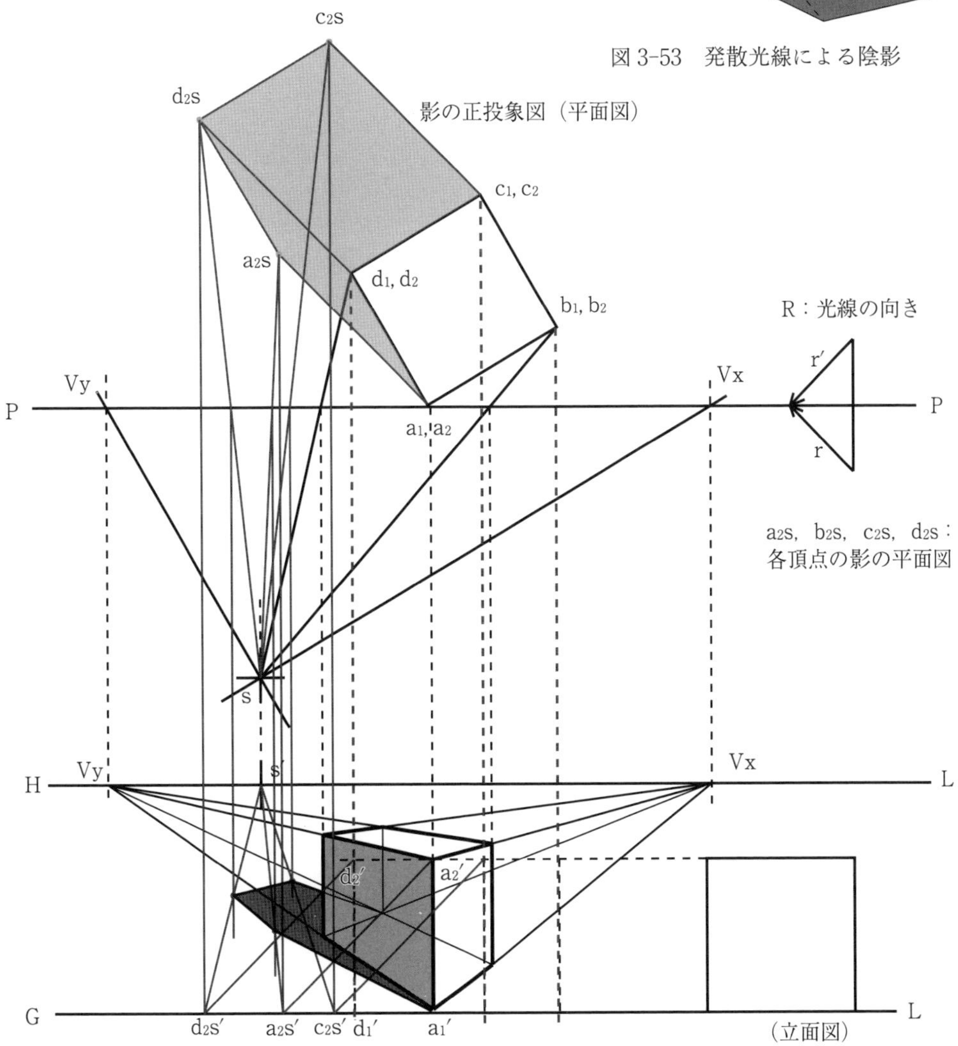

図3-54　平行光線Rによる立方体の陰影（透視図）

象による図面に，立体だけでなく，陰影も描きこんだものを用いれば，図 3-54 のように，陰影のついた透視図を描くことができる。

建築物などの透視図の場合，光線は太陽光線，つまり平行光線とするのが自然である。光線が平行なら，光線の消点を用いて効率的に影の作図をすることが可能である。

図 3-55 にある通り，例えば，頂点 A_2 の影は，A_2 を通り光線 R に平行な直線（＝Ra とする）と基面（地面）の交点である。基面上にあらわれる Ra の平面図を考えてみると，それは A_2 から基面に下ろした垂線の足（立方体の場合，A_2 の真下の頂点：A_1）から伸びる直線となる。A_2 の影は，直線 Ra と Ra の平面図の 2 つの直線の交点と考えることもできる。平行光線の場合，各頂点を通って光線に平行な直線（Ra, Rb, …）は互いに平行となり，それらの平面図もやはり平行になる。したがって，光線 R の消点と光線 R の平面図の消点を求めておけば，かなり効率よく各頂点の影を作図できる。

図 3-56 は光線（R）による点 A_2 の透視図 A_{20} を描き，さらに光線と光線の平面図の消点を求め，影 (A_{2r}) を求める作図である。

陰影については，具体的な立体の陰影を描いた方がわかりやすい。図 3-57 は立方体の透視図を描き，さらに光線の消点と光線の平面図の消点を求めたもの，図 3-58 はそれらを用いて，光線 R による立方体の陰影を書き加えたものである。立方体の場合，「基面状に下ろした垂線の足」は，ちょうど真下の底面の頂点となる。

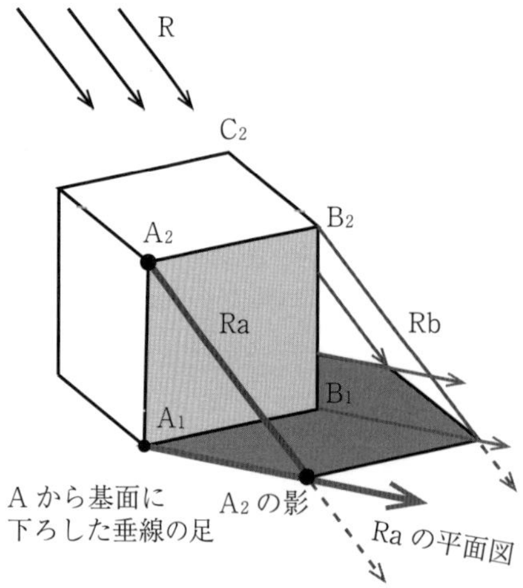

図 3-55　平行光線による影の考え方

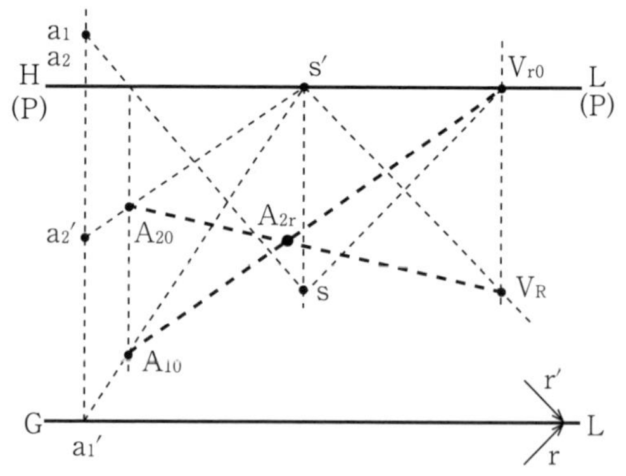

a_2, a_2'：点 A_2 の平面図，立面図
a_1, a_1'：点 A_2 から基面に下ろした垂線の足 A_1 の平面図，立面図
s, s′：視点 S の平面図，立面図
V_R：光線の消点
V_{r0}：光線の平面図の消点

図 3-56　平行光線 R による点 A_2 の影の透視図の作図

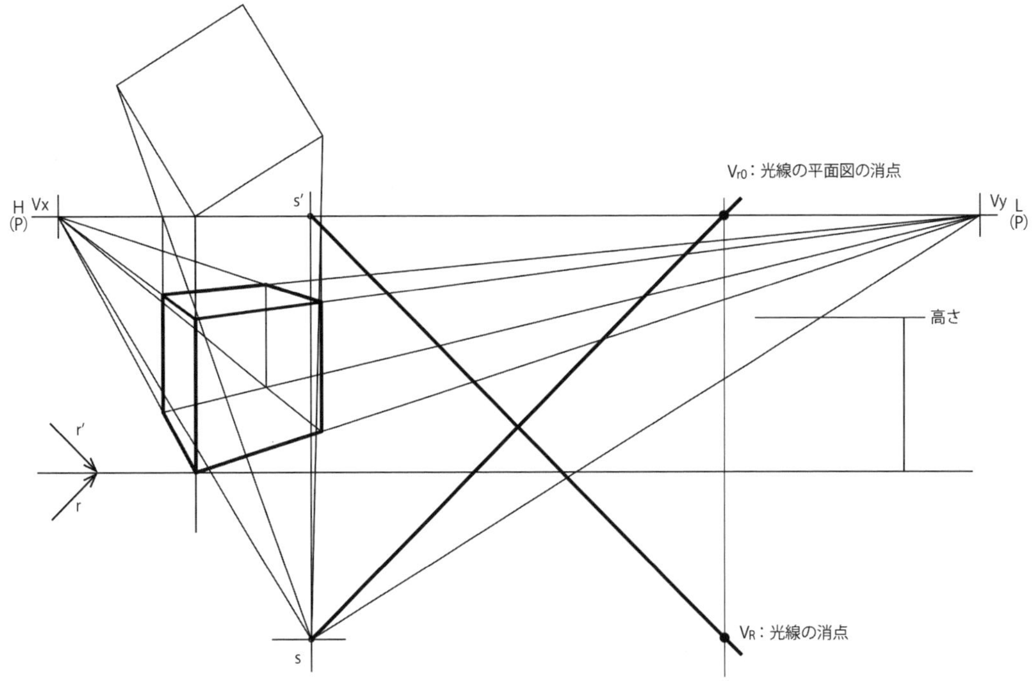

図 3-57　平行光線と光線の平面図の消点を求める

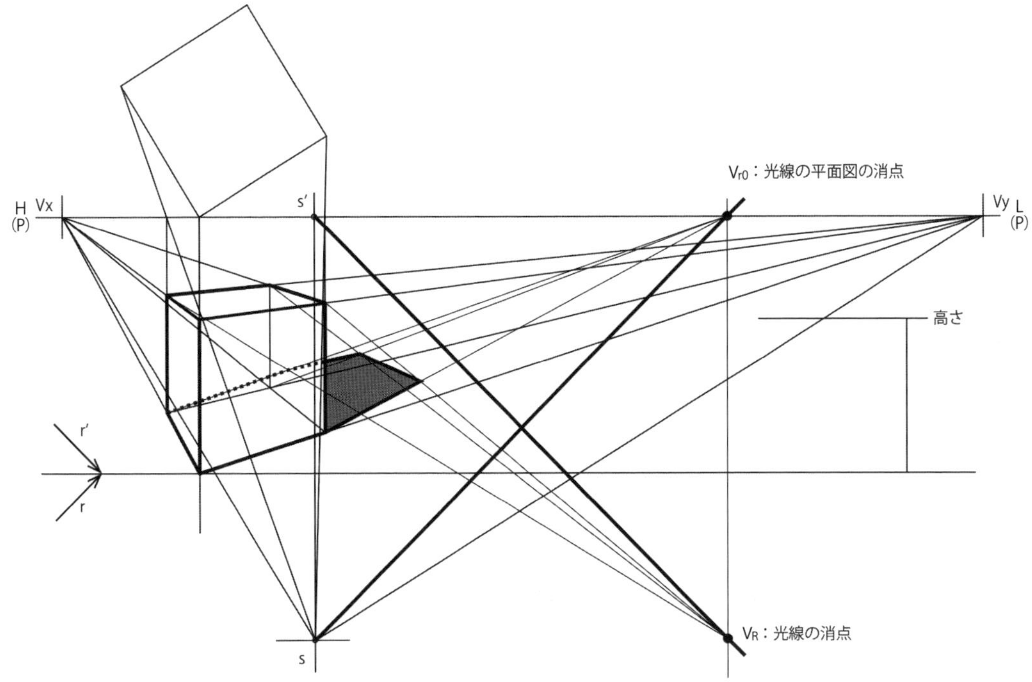

図 3-58　立方体の透視図（陰影付き）

4 平面から立体へ

空間内の立体の加工・操作によって生じる形状や位置関係を求めるための作図は「図法幾何学」として体系化され，精緻な手書きによって行われてきたが，コンピュータの普及によってその実用性が 3D-CAD ツールに置き換わることとなった。しかしながらこのようなツールの根拠となる幾何学的概念についての理解は依然として重要であり，空間認識はより高度な形態的問題を扱ううえでは欠かせない素養である。本章では「図法幾何学」をもとに，立体図形の加工・操作に関わる初歩的な考え方について解説する。

4.1 図法幾何学で用いる投象表現

図法幾何学では 2 つの正投象を用いて図形を表現する。ここで水平に置かれた投象面を水平面（HP），垂直に置かれた投象面を直立面（VP），この 2 つの投象面の交線を基線（GL）と呼ぶ。また形態要素のそれぞれの投象面への投象を水平投象（または平面図），直立投象（または立面図）という。図法幾何学では図 4-1 のように，この 2 つの投象を基線（GL）を軸に回転させて，図 4-2 のように水平に引いた基線の上下に平面図と立面図を配置して作図する。この作図法を「複面投象」と呼ぶ。

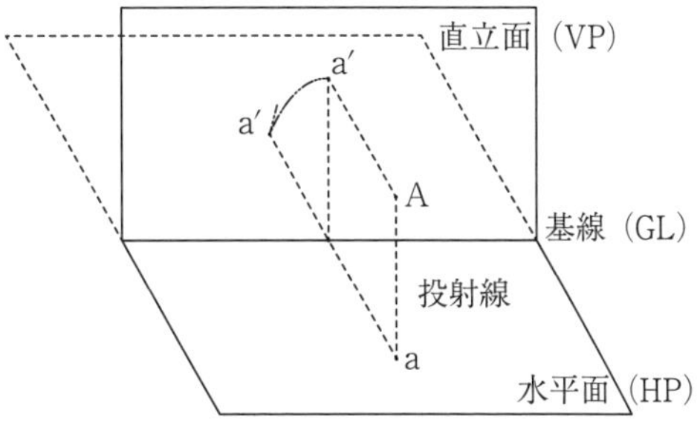

図 4-1　図法幾何学における空間構成

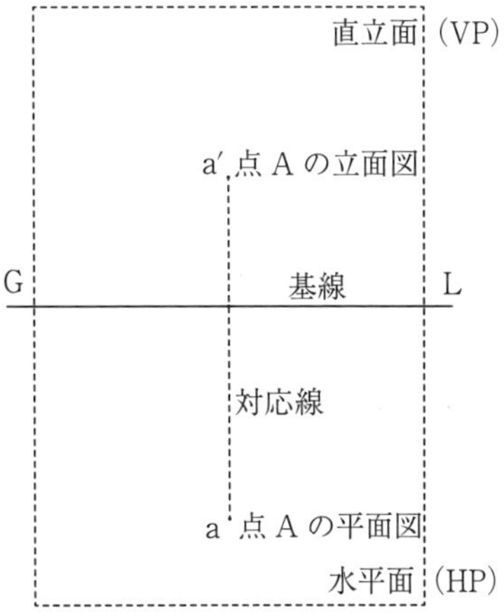

図 4-2　点の作図（複面投象）

4.1.1 点の表現

図 4-1 に示す空間上にある「点」は「複面投象」の作図では図 4-2 のようになり，基線（GL）より上部が立面図，下部が平面図となる。このとき，空間上の点の実形はアルファベットの大文字（A）を使用し，点の水平面への投象（平面図）はアルファベットの小文字（a），直立面への投象（立面図）はアルファベットの小文字にダッシュをつけて（a′）表す。また基線を越えて点（A）の立面図（a′）と平面図（a）を結ぶ線を「対応線」と呼び，この対応線は常に基線 GL に対して直交することになる。

4. 1. 2　直線の表現

点の作図と同様，図 4-3 上図のように点 A と点 B をまっすぐな線でつないだ線分は「複面投象」で作図すると図 4-3 下図のように表される。本来，幾何学では直線とはどこまでもまっすぐ無限に伸びて端点をもたないものを意味し，有限の長さと両端をもつまっすぐな線は線分と呼ぶが，ここでは，線分をその端点（A, B）を明示して直線 AB と表現する。

図 4-4 上図のように空間内にある直線 AB の両端を延長したとき，直立面と交わる点 c′ を直立跡点，水平面と交わる点 d を水平跡点と呼ぶ。また直線 AB と水平面とのなす角度を水平傾角，直立面とのなす角度を直立傾角と呼ぶ。

これを図 4-4 下図のように複面投象で作図すると，立面図の直線 a′b′ を a′ 方向に延長して基線 GL（ここでは水平面の位置）と交差する点 d′ が水平跡点 d の立面図であり，この点 d′ の位置で，平面図の直線 ab の a 方向への延長線上に水平跡点の平面図 d を求めることができる。同様に平面図の直線 ab を b 方向に延長して基線 GL（ここでは直立面の位置）と交差する点 c が直立跡点の平面図であり，この点 c の位置で，立面図の直線 a′b′ の b′ 方向への延長線上に直立跡点の立面図 c′ を求めることができる。

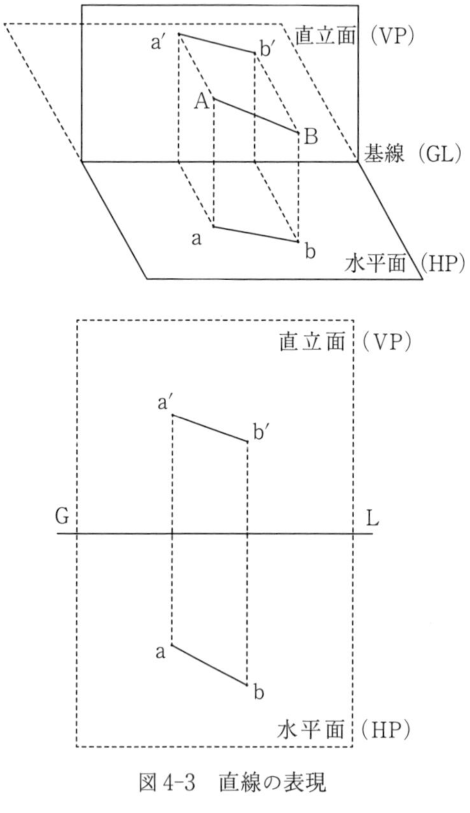

図 4-3　直線の表現

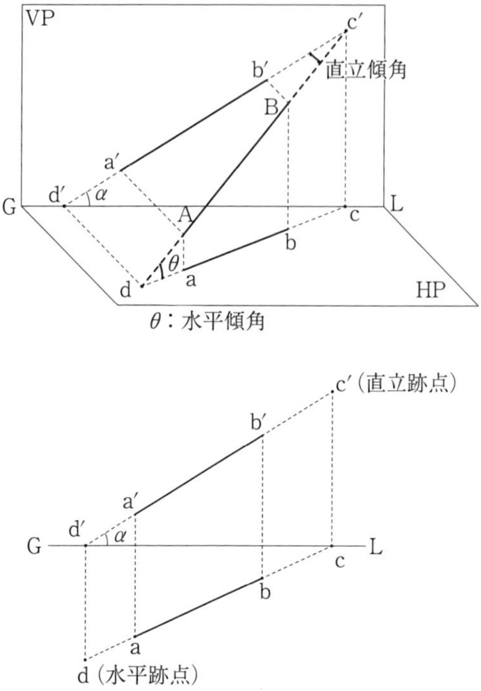

図 4-4　直線の跡点と傾角

ここで直線 AB の水平傾角（θ）は複面投象の立面図における直線 a′b′ と基線（GL）とのなす角度（α）にはならないことに注意しておく必要がある。これは直線 AB が直立面と平行とは限らないためである。

4. 1. 3　平面の表現

幾何学では，平面は平坦で無限の広さをもつものを意味し，広さが限定された平面図形とは区別する。図 4-5 のように空間内にある平面を複面投象で作図すると図 4-6 のようになる。ここで平面はそれが直立面と水平面と交差する交

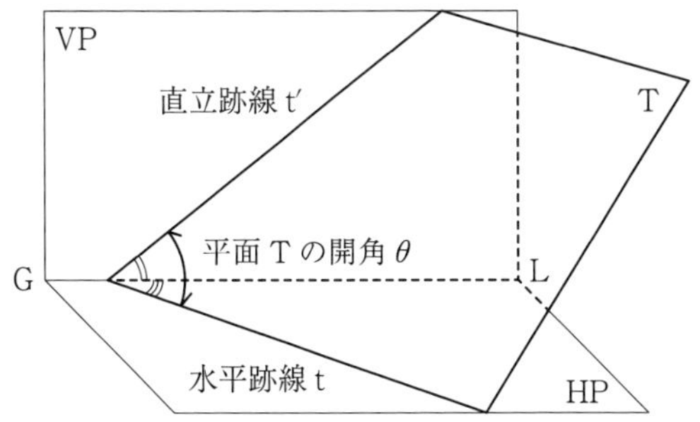

図 4-5　空間上の平面

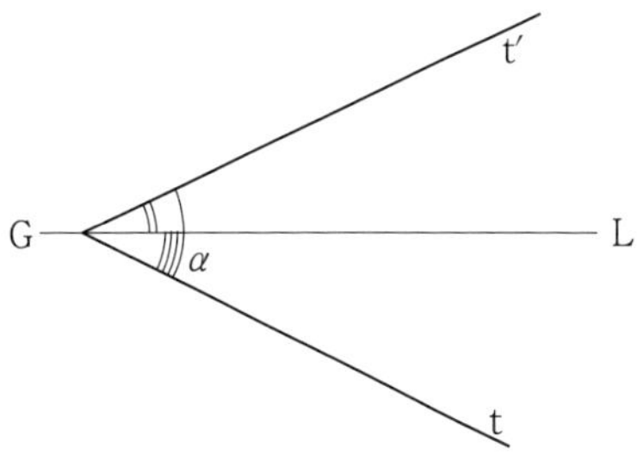

図 4-6　平面の作図（複面投象）

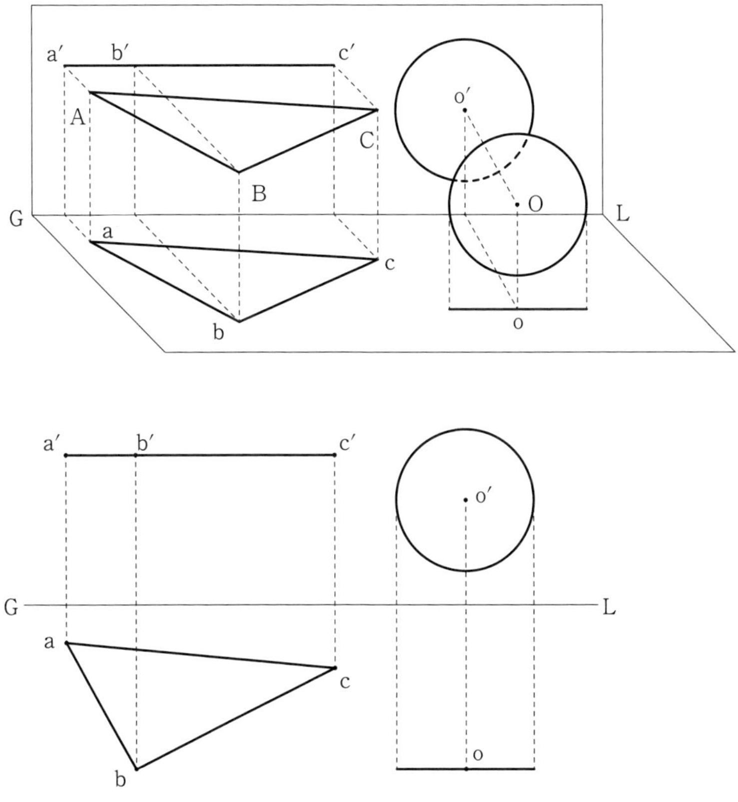

図 4-7　平面図形（三角形，円）の表現

線によって表される。このとき，平面と水平面との交線を水平跡線，直立面との交線を直立跡線と呼ぶ。作図ではこの平面を大文字の T で表し，水平跡線は小文字の t，直立跡線は小文字の t′ で表現する。

また空間内で直立跡線と水平跡線のなす角度（θ）を，平面 T の開角と呼ぶ。ここでその開角（θ）は複面投象で表された水平跡線 t と直立跡線 t′ のなす角度（α）と異なることに注意しておく必要がある。これは複面投象の立面図と平面図が基線 GL を介して直角に交わっているためである。

図 4-7 上図はさまざまな平面の見取り図を示している。空間内で水平面に平行な三角形 ABC は複面投象では図 4-7 下図のようになる。三角形 ABC の実形が平面図に三角形 abc で示され，立面図では三角形を横から眺めた状態（平面は厚みをもたないため，横から眺めると

直線に見える）として直線 a′c′（点 b′ は a′c′ と重なる）が作図される。以下，この状態を線視図と呼ぶ。

また空間内で直立面に平行な円 O は複面投象で図 4-7 下図のようになる。円 O の中心 o′ と円の実形が立面図に示され，平面図では円を上から眺めた状態（線視図）として円の外周をつなぐ直線と円の中心点 o が作図される。

4.1.4　多面体の表現

いくつかの平面で囲まれた立体を多面体と呼び，立体を構成する平面を面，面と面の交線を稜，稜の集まる点を頂点，同一平面上にない 2 頂点を結ぶ直線を対角線と呼ぶ。同形同大の正多角形で囲まれ，各頂点に集まる稜の数が等しい凸多面体を正多面体と呼び，正多面体には 5

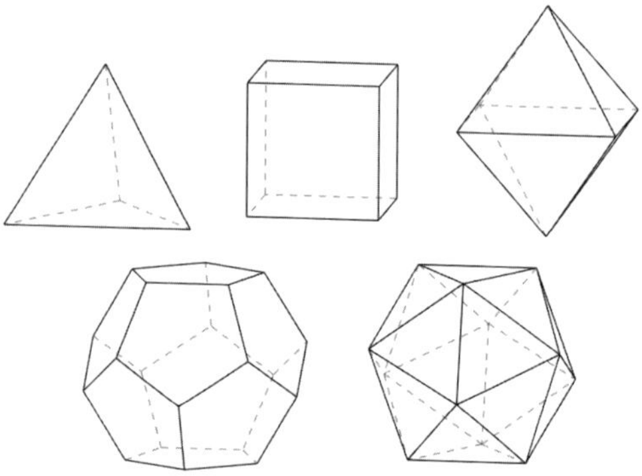

図 4-8　正多面体

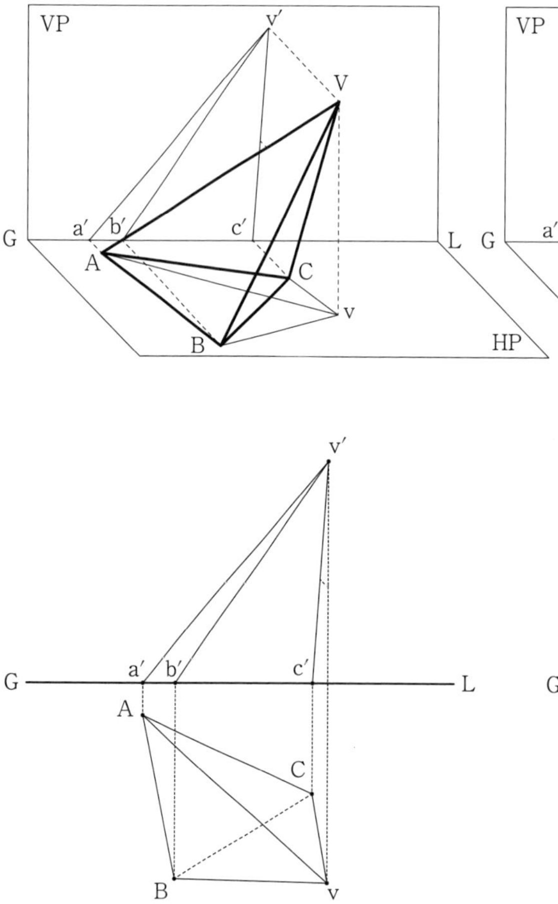

図 4-9　三角錐（四面体）

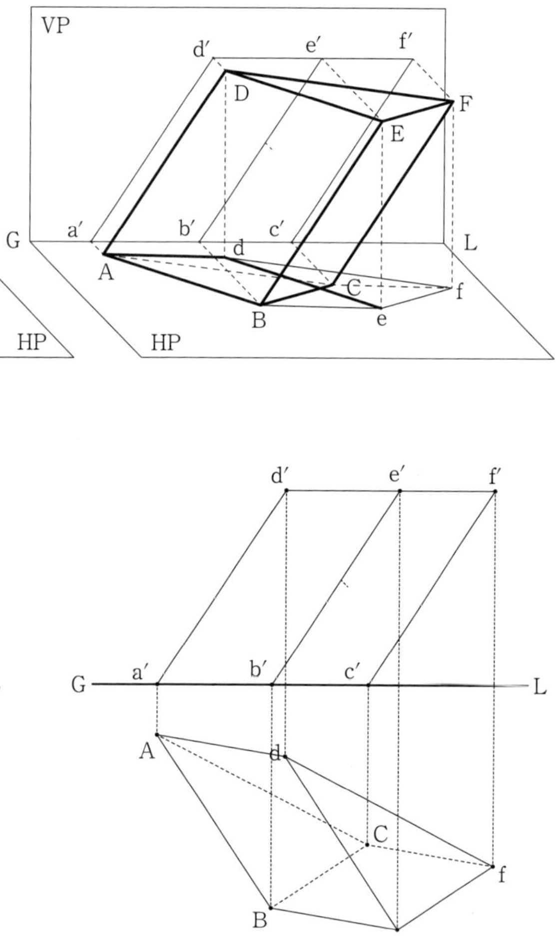

図 4-10　三角柱（五面体）

種類が存在する（図 4-8）。以下では多面体の代表として角柱と角錐の表現について解説する。

図 4-9 のように空間内の水平面上に置かれた三角錐 VABC を複面投象によって作図すると，平面図に三角錐の底面 ABC とその頂点 v が示され，その稜線 vA, vB, vC が示される。その立面図ではこの三角錐を直立面に対しての真横から眺めた状態として，底面である三角形 ABC の線視図 a′b′c′ と 3 つの稜線 v′a′, v′b′, v′c′ で示される。

図 4-10 のように空間内の水平面上に置かれた三角柱 ABCDEF を複面投象によって作図すると平面図に三角柱の底面 ABC と上面 def が示され，その稜線 Ad, Be, Cf が示される。この三角柱を水平面に対して真上から眺めた状態として，三角柱の裏側にある稜線は点線で示される。その立面図では底面と上面である三角形 ABC, DEF の線視図 a′b′c′, d′e′f′ と 3 つの稜線 a′d′, b′e′, c′f′ で示される。

4.1.5　球の表現

円が 1 つの直径を軸としてそのまわりに回転したとき生ずる曲面を球面と呼ぶ。したがって球は回転面の一種として取り扱うこともできる。赤道を導円，経線を母線と考えれば複曲面でもある（図 4-11）。

空間内の水平面上に置かれた球 O の複面投象による作図では，平面図に球の中心 o と球の外形を示す円が示される（図 4-12）。また立面図は球の中心 o′ が基線より球の半径分だけ上の位置に，平面に対応するように示され，その点を中心とする円が基線に接するように示される。

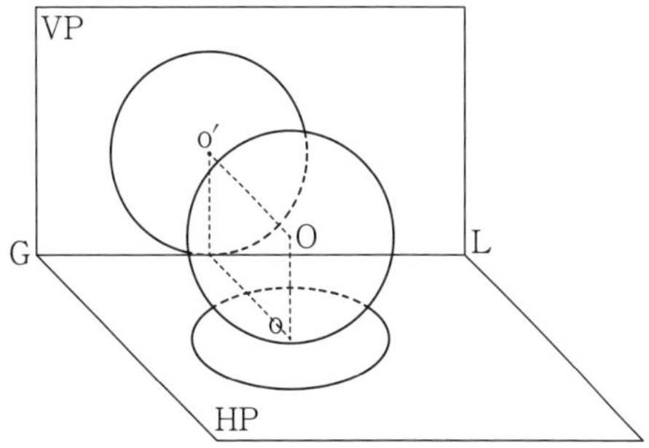

図 4-12　球面の表現

4.1.6　円錐・円柱の表現

錐状曲面は 1 定点を通る直線が，ある曲線に沿って移動するとき，その軌跡が作る曲面である。このときの定点を頂点，移動する直線を母線，移動するときに沿う曲線を導線と呼び，結果として得られた曲面を錐面と呼ぶ（図 4-13）。ここで導線が円で移動の軸がそれに垂直な場合を直円錐と呼ぶ。一方軸がそれに垂直でない場合を斜円錐と呼ぶ。

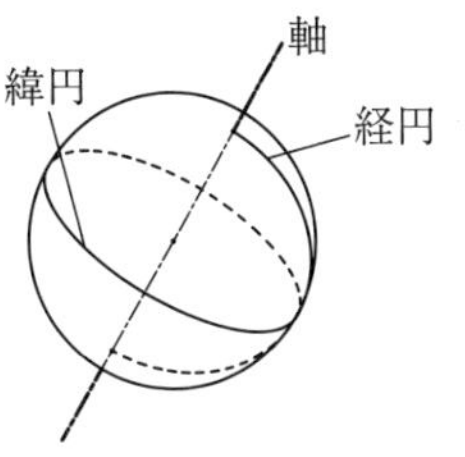

図 4-11　球面の構成

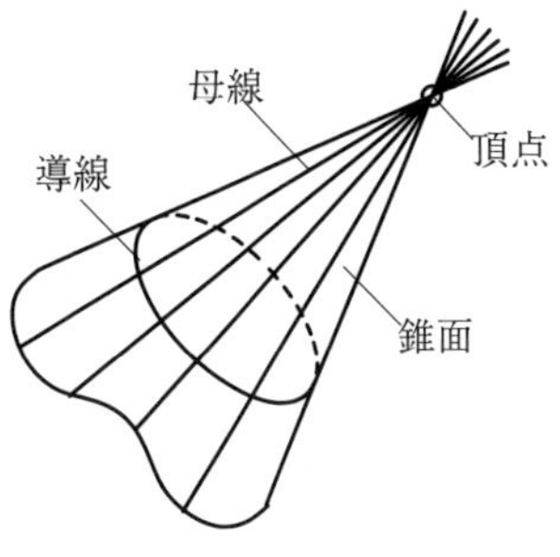

図 4-13　錐状曲面の構成

図 4-14 上図のように，導線が水平面上の円で移動の軸が水平面に垂直でない斜円錐を考える。この斜円錐を複面投象で作図すると下図のようになる。平面図に斜円錐の底円 O と頂点 v およびその頂点から底円への接線が斜円錐の外形線として示され，この斜円錐を水平面に対して真上から眺めた状態として，斜円錐の下側にある底円の一部は点線で示される。また立面図ではこの斜円錐を直立面に対して真横から眺めた状態として，底面である円 O の線視図と外形線で示される。

図 4-15 上図のように，空間内に浮かぶ直円錐は頂点 V と直円錐に内接する球 O によって表現される。これを複面投象で作図すると下図のようになる。平面図，立面図では対応する頂点 v, v′ と球の外形線である円 o, o′ が示され，直円錐の外形線として頂点から円への接線で示される。

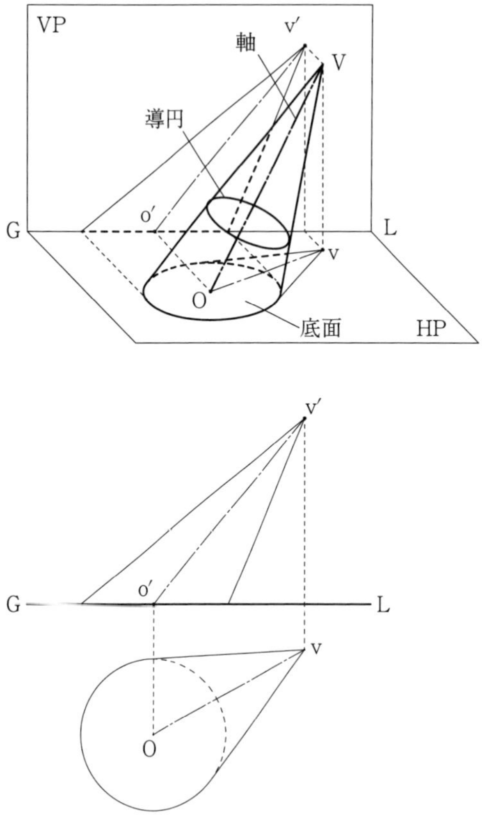

図 4-14　斜円錐の表現

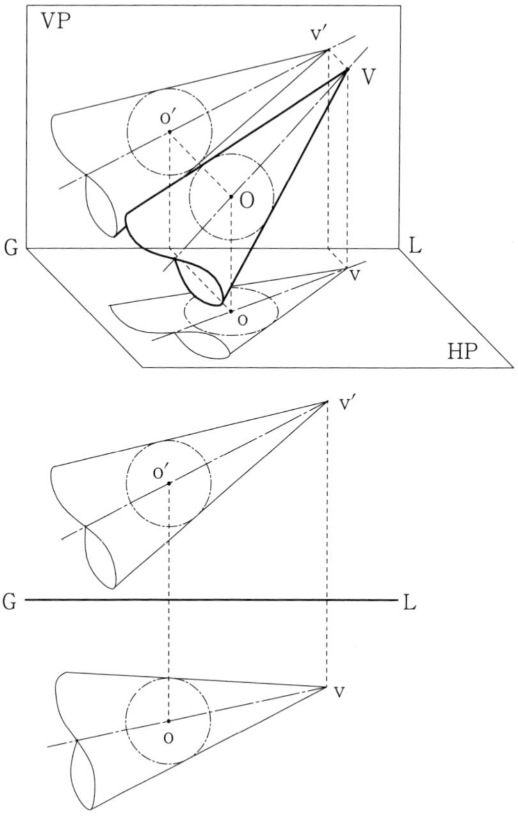

図 4-15　直円錐の表現

円柱は母線となる直線が導円上を平行に移動するときに得られる曲面を円柱面と呼ぶ。ここで底面が円で円柱の軸がそれに垂直な場合を直円柱と呼び，垂直でない場合は斜円柱と呼ぶ。

図 4-16 上図のように空間内の水平面上に置かれた円柱を複面投象で作図すると，下図のようになる。平面図には円柱の上面 O_2 と底面 O_1 が示され，その 2 円の共通接線が外形線として示される。この円柱を水平面に対して真上から眺めたとき，円柱の下側にある底円の一部は隠れ線として点線で示される。また立面図にはこの円柱を直立面に対して真横から眺めた状態として，上面 O_2 と底面 O_1 の線視図 o_1' と o_2' および外形線が示される。

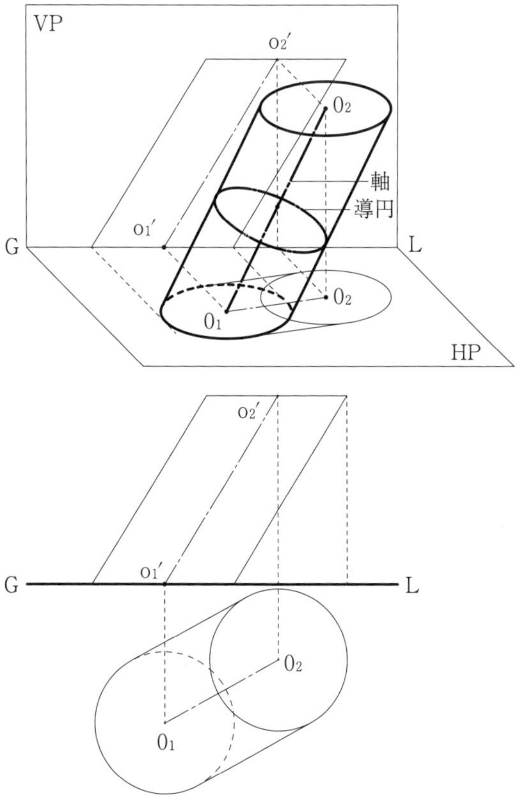

図 4-16　斜円柱の表現

4.2　要素図形の関係

4.2.1　2 直線の関係

空間内に 2 つの直線があるとき，それらの関係は「平行」,「交差」,「ねじれ」のいずれかの関係にある（図 4-17, 18)。2 直線 AB と CD が平行であるためには，複面投象で立面図における直線 a′b′ と直線 c′d′ が平行であり，かつ平面図における直線 ab と直線 cd も並行でなければならない。図 4-17 の直線 JI と直線 KL はねじれの関係である。

図 4-18 において 2 直線が交差しているためには，その立面図における直線 a′b′ と直線 c′d′ の交点 e′ と平面図における直線 ab と直線 cd の交点 e の位置が対応関係にある必要がある。

左図はそれぞれの交点が同じ位置あるため 2 直線は交差しているが，右図は交点の位置（j′, k′）がずれているため交わっておらず，ねじれの関係にある。

4.2.2　2 平面の関係

空間内に 2 つの平面があるとき，それらの関係は「平行」,「交差」のいずれかの関係にある。

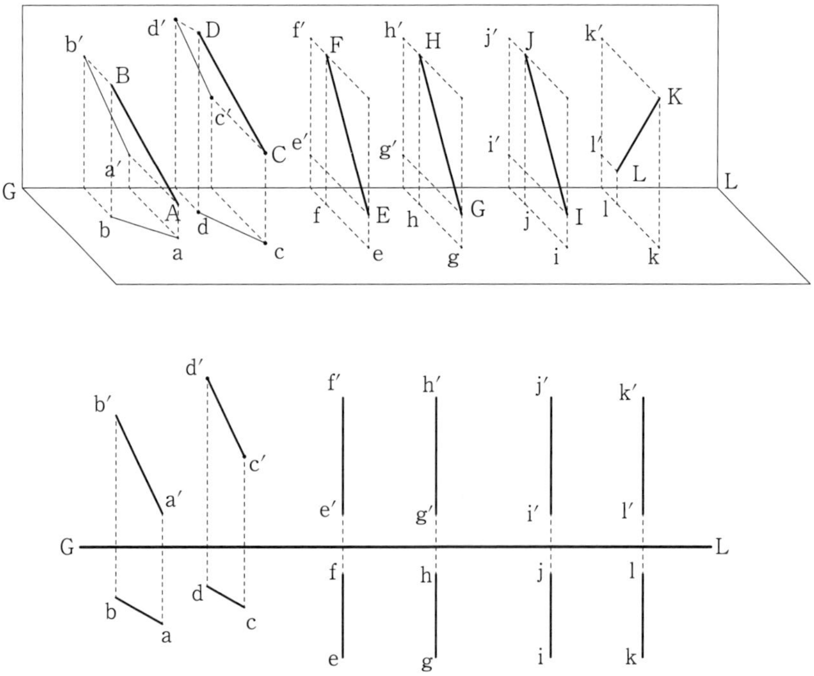

図 4-17　2 直線の関係
（平行）

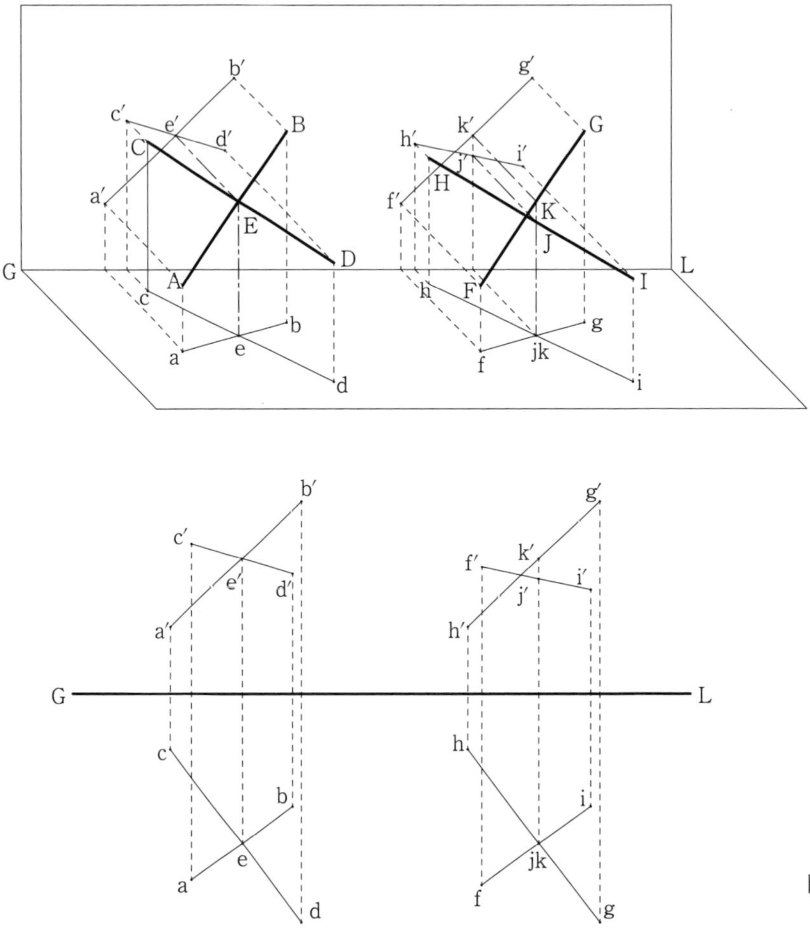

図 4-18　2 直線の関係
（交差，ねじれ）

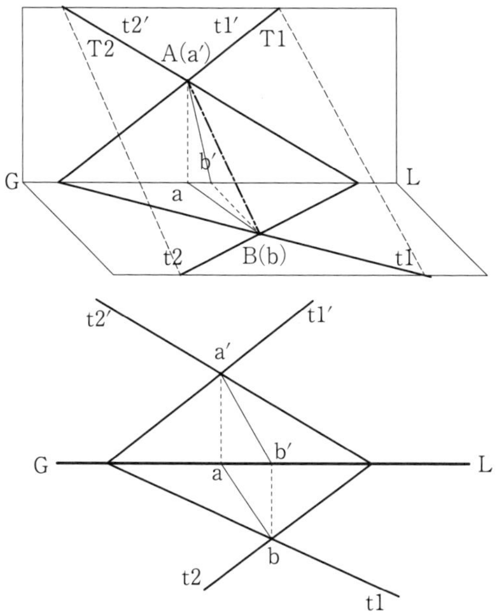

図 4-19　2 平面の関係（交差）

図 4-19 では空間内にある 2 平面 T1, T2 が互いに交わっている。直立面上の点 A と水平面上の点 B をつなぐ直線が 2 平面の交線である。これを複面投象で見ると，立面図では平面 T1 の直立跡線 t1′ と平面 T2 の直立跡線 t2′ の交点が a′ となる。一方，平面図では平面 T1 の水平跡線 t1 と平面 T2 の水平跡線 t2 の交点は b となる。ここで複面投象の立面図と平面図は対応関係にある別の投象であるため，複面投象において交線を描くとき，投象方向の異なる点 a′ と点 b を直接つなぐわけにはいかない。直立面上にある点 a′ の平面図 a を基線 GL 上に求め，水平面上にある点 b の立面図 b′ も基線 GL 上に求めたうえで，交線は平面図の直線 ab と立面図の b′a′ によって表される。

4.2.3　平面・直線の関係

空間内に平面と直線があるとき，それらの関係は「平行」,「相貫」,「面内」のいずれかの関係にある。図 4-20 は平面 T1 の面内に直線 AB があり，直線 AB の立面図 a′b′ が与えられているとき，平面図 ab を求める作図である。

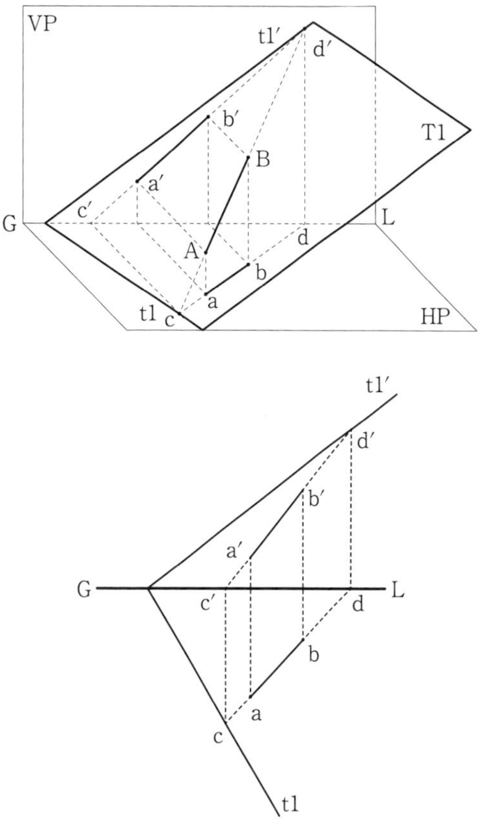

図 4-20　平面・直線の関係（面内）

直線 AB を点 B 方向に延長して直立面に交わる点 d′ は平面 T1 の直立跡線 t1′ 上にある。これは直線 AB の延長も平面 T1 の面内にあることによる。同様に直線 AB を A 方向に延長して水平面に交わる点 c も平面 T1 の水平跡線 t1 上にある。これを複面投象で見ると，立面図において a′b′ を b′ 方向へ延長し直立跡線 t1′ と交わる点は d′ であり，a′ 方向へ延長し基線 GL と交わる点を c′ とすると，直線 cd の線上に直線 ab があるため，点 a′，点 b′ から直線 cd へ対応線を引くと点 a，点 b が求まる。

4.3　図法の基本操作

4.3.1　切断

図法幾何学では立体の形状やその位置関係を求めるために，その立体を平面で切りとる操作を行なう。これを「切断」と呼び，その平面を「切断平面」，切り口を「断面」と呼ぶ。

(a)　平面の切断

図 4-21 は空間内にある平面 T1 を水平な切断平面 T2 で切断したもので，切り口（断面）は直線（切断線）となる。この切断線は水平であり，高さは切断平面と同じである。

これを複面投象で見ると，立面図における平面 T1 の直立跡線 t1′ と切断平面 T2 の直立跡線 t2′ の交点 a′ は直立面内にある。交点 a′ は直立面内にあるため平面図は基線上の点 a となり，切断線の平面図は点 a から平面 T1 の水平跡線 t1 に平行に示される。

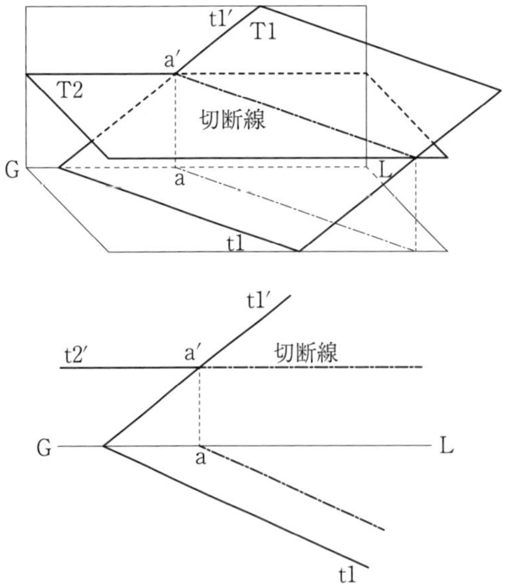

図 4-21　平面による切断

(b)　平面と直線の相貫

図 4-22 は空間内の平面 T1 と直線 AB が交わっているとき，その相貫点を求める作図である。ここでは直線 AB を面内に含み水平面に垂直となる新たな平面 T2（切断平面）で平面 T1 を切断することを考える。その結果，切り口として切断線 cd′ が得られる。この切断線 cd′ は直線 AB と同一平面 T2 上にあることからその交点が求める相貫点 P となる。

《複面投象の作図》 まず直線 AB を面内に含み水平面に垂直な平面 T2 は直線 ab を延長して基線との交点から垂直に直立跡線を作図することで得られる。平面 T1 の水平跡線 t1 と平面 T2 の水平跡線 t2 の交点を c とし，平面 T1 の直立跡線 t1′ と平面 T2 の直立跡線 t2′ の交点を

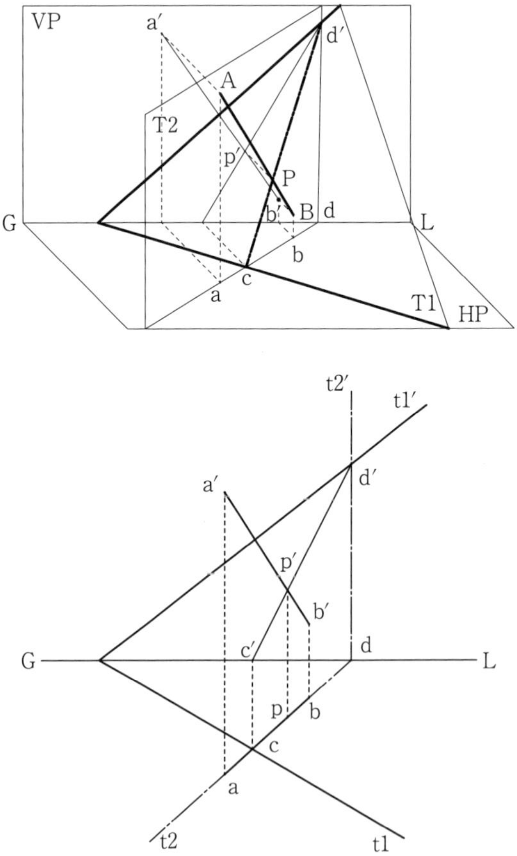

図 4-22　平面と直線の相貫

d′ とすると直線 cd（c′d′）は平面 T1 の切断線である。よってその切断線の立面図 c′d′ と直線 a′b′ の交点が求める相貫点 p′ であり，その平面図 p も対応線によって直線 ab 上に求まる。

(c) 多角形と直線の相貫

図 4-23 は空間内にある三角形 ABC と直線 MN の相貫点を求める作図である。直線 MN を面内に含み水平面に垂直な平面 T1（切断平面）で三角形 ABC を切断することを考える。その結果，切り口として切断線 DE が得られる。この切断線 DE は直線 MN と同一平面 T1 上にあることからその交点が求める相貫点 P となる。

《複面投象の作図》 まず直線 MN を面内に含み水平面に垂直な切断平面 T1 を作図する。切断面 T1 の水平跡線 t1 と三角形 abc との交点を d, e とする。この点の立面図への対応線を作図するとき，点 d′ は直線 a′b′ 上に，点 e′ は直線 a′c′ 上にある。点 d′ と点 e′ を直線でつなげば，これが切断平面 T1 による三角形 ABC の切断線である。ここでその切断線 d′e′ と直線 m′n′ の交点を p′ とすれば，これが求める相貫点である。また点 p′ から直線 ab に対応線を引けば点 p が求まる。

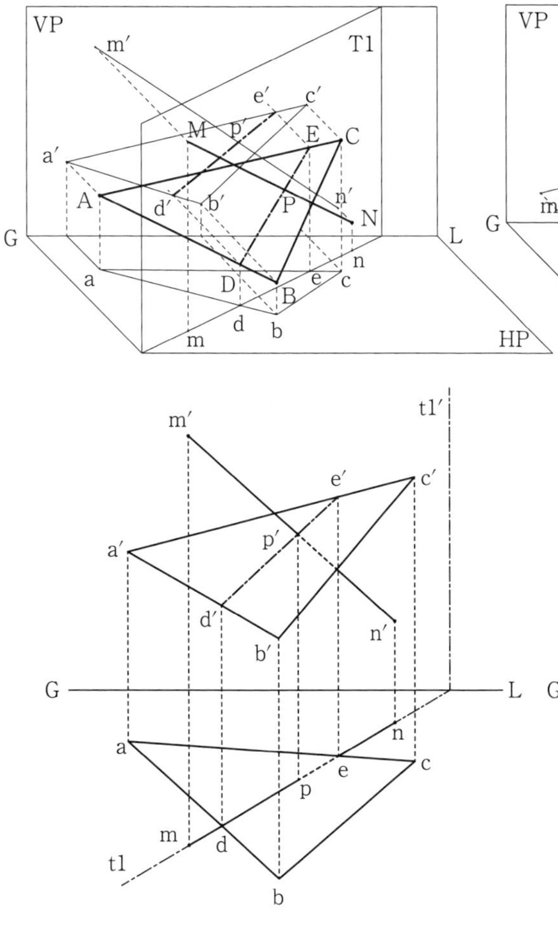

図 4-23　多角形と直線の相貫

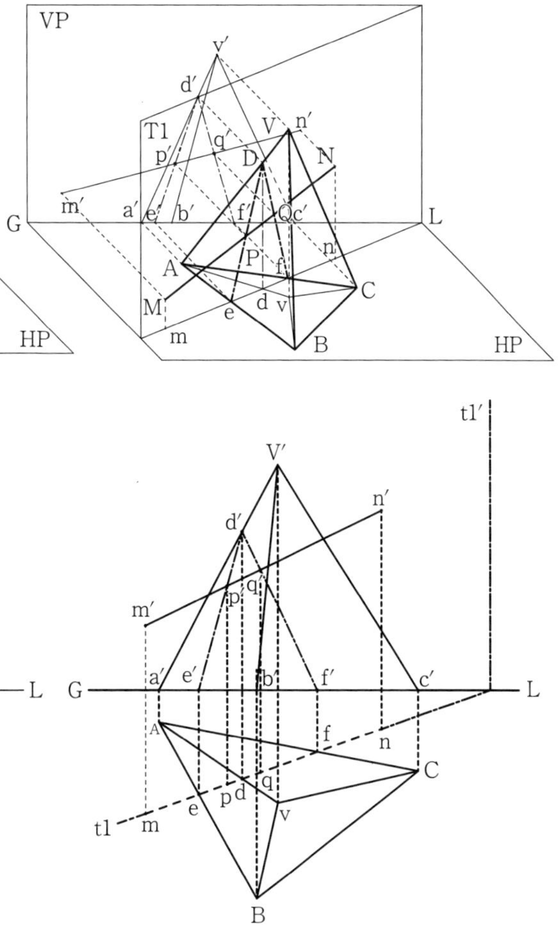

図 4-24　多面体と直線の相貫

(d) 多面体と直線の相貫

図4-24は水平面上にある三角錐VABCと空間内にある直線MNの相貫点を求める作図である。ここでは直線MNを面内に含み水平面に垂直な切断平面T1で三角錐を切断することを考える。その結果，平面T1の切断線は，直線MNと同一平面T1上にあるため交差することになり，この交点が求める相貫点である。

《複面投象の作図》 切断平面T1の水平跡線t1は直線mnと重なって示される。ここで切断平面T1による三角錐の切断面DEFは平面図で3つの稜線vA, vB, vCと水平跡線t1の交点d, E, Fとして求められる。ここで点dは稜線vA上に，点Eは直線AB上，点Fは直線AC上にあり，それぞれの点に対応する立面図を求めれば切断面d′e′f′が得られる。ここで，この切断面と直線m′n′は同一平面T1上にあることから交点p′, q′が見つかり，これが求める相貫点である。

(e) 多面体の相貫

図4-25は水平面上にある三角柱ABCDEFと三角錐VXYZの相貫線を求める作図である。まず三角錐の頂点Vから三角柱の稜線に平行な直線を引き，水平面との交点をv_sとする。ここで三角形Vv_sXで三角柱を切断することを考える。切断面$x_1x_2q_1p_1$が得られ，点q_1, p_1は稜線VXと三角柱の相貫点である。同様に三角形Vv_sY, Vv_sZでも同じ操作を繰り返すと，三角錐の稜線VY, VZと三角柱の相貫点が得られる。次に三角形Vv_sCを面内に含む平面で三

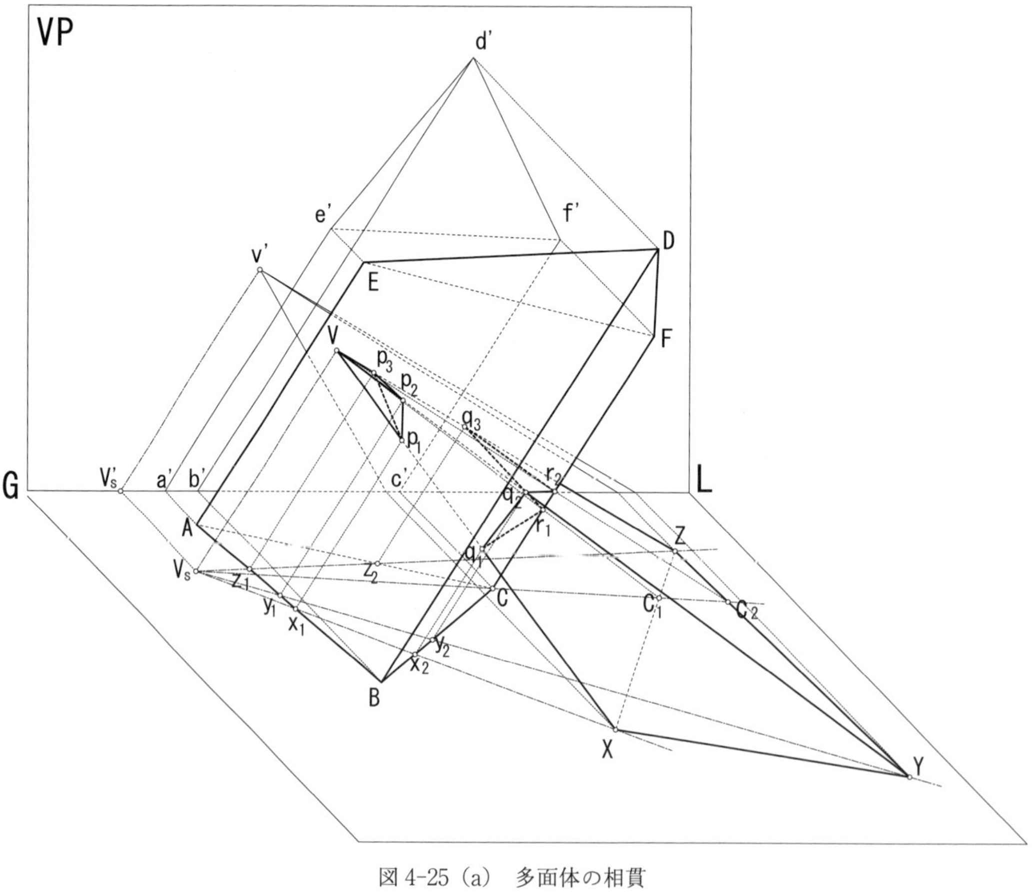

図4-25 (a)　多面体の相貫

角錐を切断し，その切断線と三角柱の稜線CFとの交点が三角錐との相貫点である。これらの相貫点をつなぐと柱面ABDEとの相貫線，柱面BCFDとの相貫線，柱面ACFEとの相貫線が求まる。

《複面投象の作図》　三角錐の頂点vから三角柱の稜線に平行な直線を引き，基線GLとの交点をv_sとする。v_sから三角錐の底面の点X, Y, Zに直線を引き，三角柱の底面の線分ABとの交点をそれぞれx_1, y_1, z_1，線分BCとの交点をx_2, y_2，線分CAとの交点をz_2とし，それらの点から三角柱の稜線に平行に，上面方向に直線を引き，三角錐の稜線VXとの交点をそれぞれp_1, q_1，稜線VYとの交点をp_2, q_2，稜線VZとの交点をp_3, q_3とする。次にv_sから点Cに直線を引き，その延長線と三角錐の底面の線分XZ, YZとの交点をc_1, c_2とし，その点から三角錐の頂点vに直線を引き，三角柱の稜線Cfとの交点をr_1, r_2とする。以上の作図で得られた相貫点から柱面ABDEの相貫線は$p_1p_2p_3$となり，柱面BCFDの相貫線は$q_1q_2r_1r_2$，柱面ACFEとの相貫線は$q_3r_1r_2$となる。これの対応線を立面図に引けば相貫線の立面図が得られる。

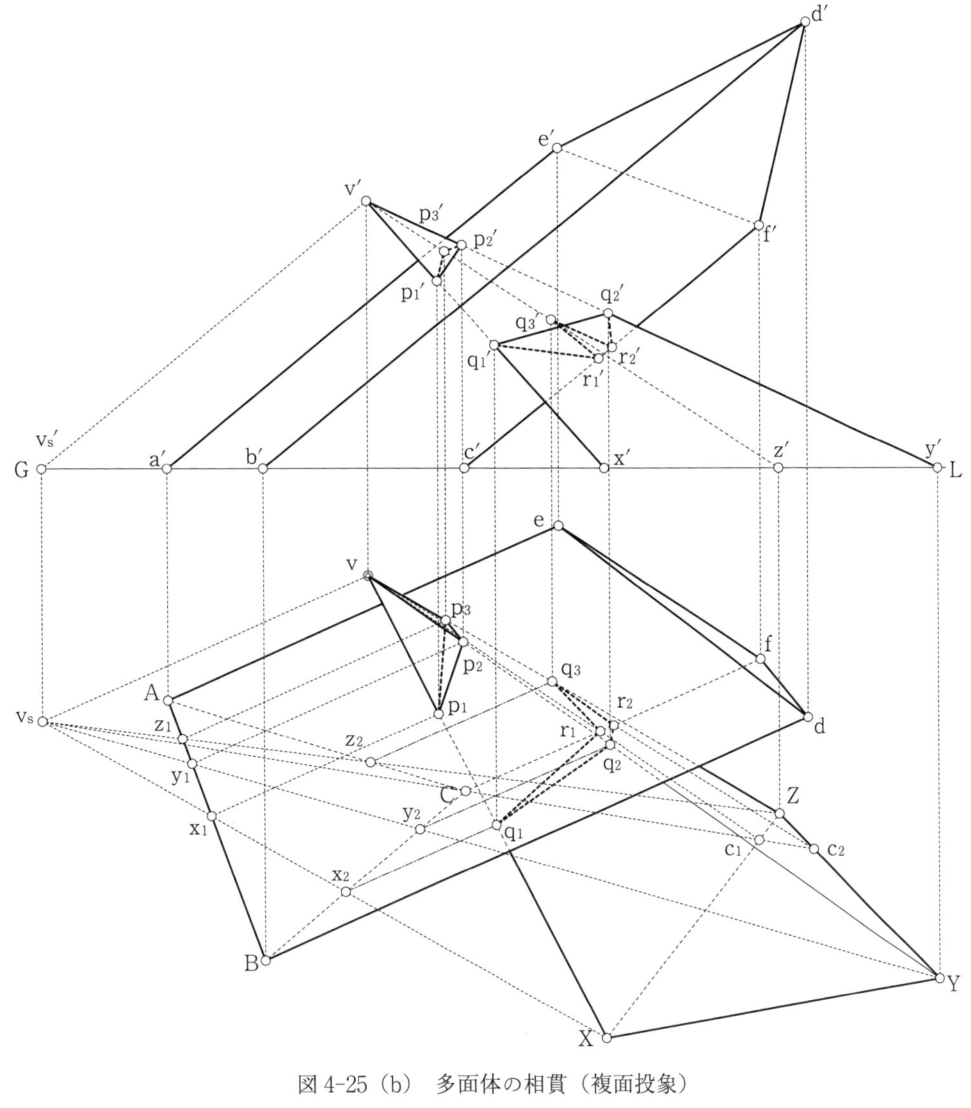

図4-25（b）　多面体の相貫（複面投象）

4.3.2　副投象

副投象は複面投象の主投象面である直立面と水平面以外に，もう1つ別の方向から眺めた投象面（矢印の方向）を新たに作図して図形の形状や位置関係を把握するために用いる操作である。作図としては矢印の方向に直交する新たな基線（G′L′）を引き，基線上の投象面（VP′）を水平面上に回転させて表現する。

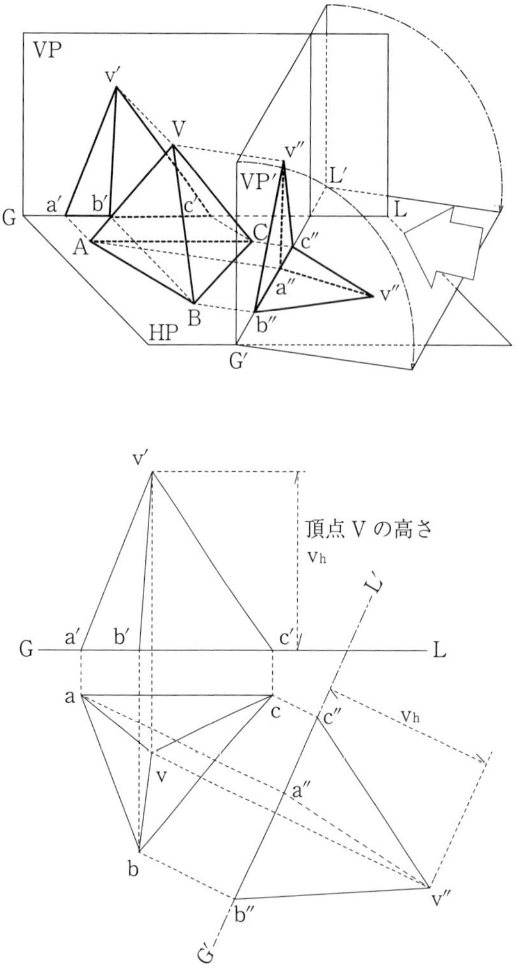

図4-26　三角錐の副投象の作図

(a)　多面体の副投象

図4-26は水平面上にある三角錐VABCの右方向から眺めた立面図を副投象で作図したものである。水平面HPに垂直で直立面VPに交わる第2の直立面VP′を描き，三角錐VABCのその面への投象v″a″b″c″を求め，この直立面VP′を基線G′L′を軸として水平面HP上に90度倒して表現する。複面投象では，基線GLに交わる新たな基線G′L′を描き，その基線に対して右側を第2の立面図と考えて三角錐v″a″b″c″を作図する。その際，三角錐の底面ABCの立面図a″b″c″は新たな基線G′L′上で，対応線aa″, bb″, cc″が基線G′L′に直交するように作図される。また頂点v″の位置も対応線vv″が基線に直交するように作図され，その高さv_hは元の立面図v′の高さv_hに等しい。

(b)　多面体と平面の相貫

図4-27は水平面上にある三角錐VABCと空間内にある平面T1との相貫線を求める作図である。ここでは平面T1の水平跡線t1に直交する垂直な副投象面VP′を考える。この副投象では平面T1は直線状（線視図）となり，三角錐を平面T1の線視図が切断する状態を見ることができる。結果，三角錐VABCの3つの稜線を切断する点d″, e″, f″が求まり，この点を結べば求める相貫線が得られる。

《複面投象の作図》　まずt1に垂直な新たな基線G′L′を作図し，この基線に対する副投象を求める。ここで水平跡線t1と基線G′L′との交点をo″とし，直立跡線上の任意の点k′の副投象上の点k″を求めると，直線o″k″は平面T1の線視図となる。次に三角錐の底面ABCから新たな基線G′L′に対して垂直に対応線を引き，基線G′L′との交点をa″b″c″とする。また頂点

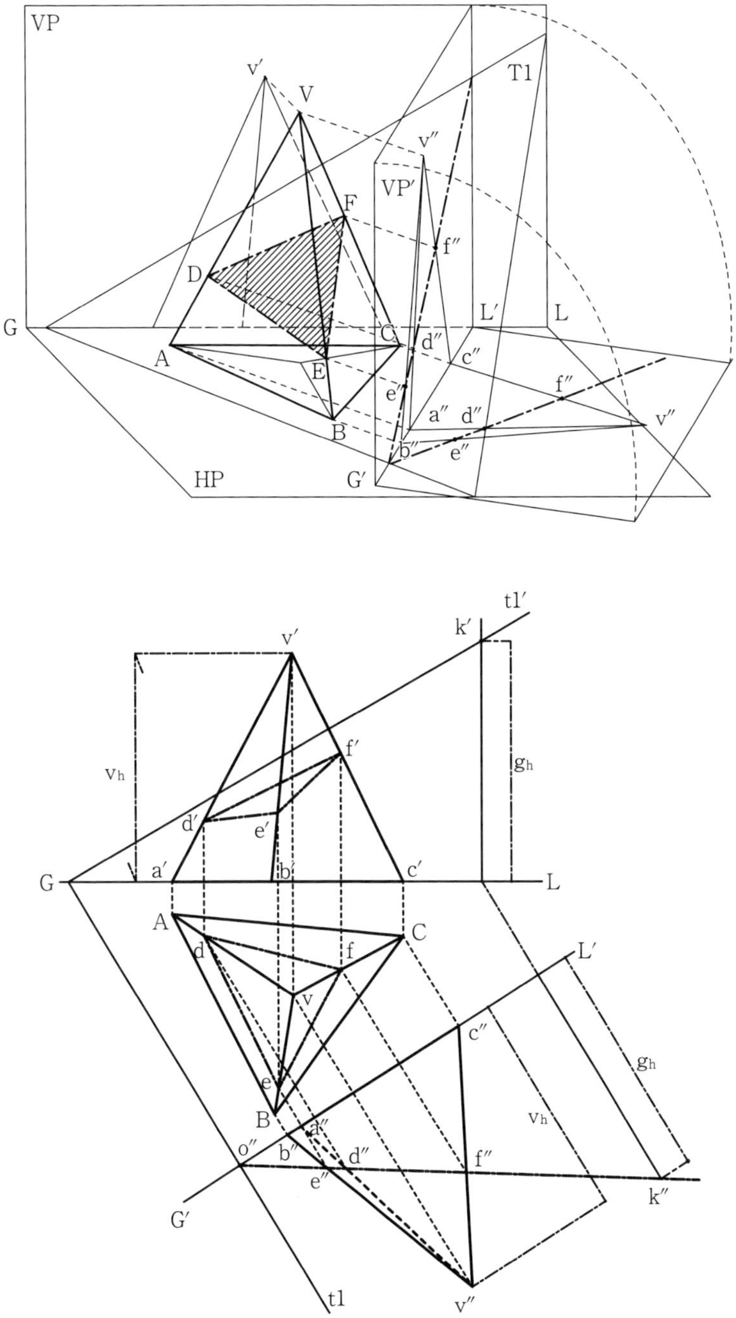

図 4-27　三角錐と平面 T の相貫

v からも同様に対応線を引き，基線 G′L′ からの高さを立面図の v′ の高さ（vh）と等しい点を v″ とすれば，三角錐の複投象 v″a″b″c″ が求まる。この三角錐の稜線と平面 T1 の線視図 o″k″ との交点を d″, e″, f″ とし，これを基線 G′L′ に対する対応線で平面図に戻すと点 d, e, f が求まり，これらを結んだ三角形 def が求める相貫線である。さらに基線 GL に対する対応線で元の立面図に戻すと相貫線 d′e′f′ が求まる。

(c) 球と直線の相貫

図4-28は空間内にある球Oと直線MNとの相貫線を求める作図である。ここでは直線MNを面内に含む垂直な平面で切断することを考える。この切断平面を副投象面VP′と考え，球の切断線と直線MNの交点をPQとすると，これが求める相貫点となる。

《複面投象の作図》　直線MNを面内に含む垂直な平面である副投象面VP′の作図は，平面図上の直線mnと重なるように新たな基線G′L′を作図し，その基線と球oの外形線との交点をc, dとする。次に基線G′L′に対する副投象として，球の中心oからG′L′に直交する対応線を引き，基線G′L′からの高さを立面図のo′の高さと等しい点o″を求め，球o″の外形線を作図する。直線mnの副投影についても同様にG′L′に直交する対応線を引き，基線G′L′からの高さを立面図における点m′，点n′の高さと等しい点m″，点n″を求めることで直線m″n″が作図できる。

次に球の接断面の副投象を考える。ここで球の切断面は正円で，その円の中心は球の中心と同じ高さになる。ここでは点o″を中心に直径cdとする正円が求める切断面である。

この切断面と直線m″n″の交点をp″, q″とすれば，これが求める相貫点である。この副投象p″, q″から元の平面図に対応線を引き，直線mnとの交点をp, q，さらに立面図へ対応線を引いて直線m′n′との交点をp′, q′とすれば相貫点の平面図，立面図が得られる。

(d) 多角形の相貫

図4-29は空間内にある2つの三角形ABCとDEFの相貫線を求める作図である。ここでは一方の三角形ABCが線視図（直線）の状態で見える方向から副投影を作図することを考える。その結果，三角形d″e″f″と直線b″c″（三角

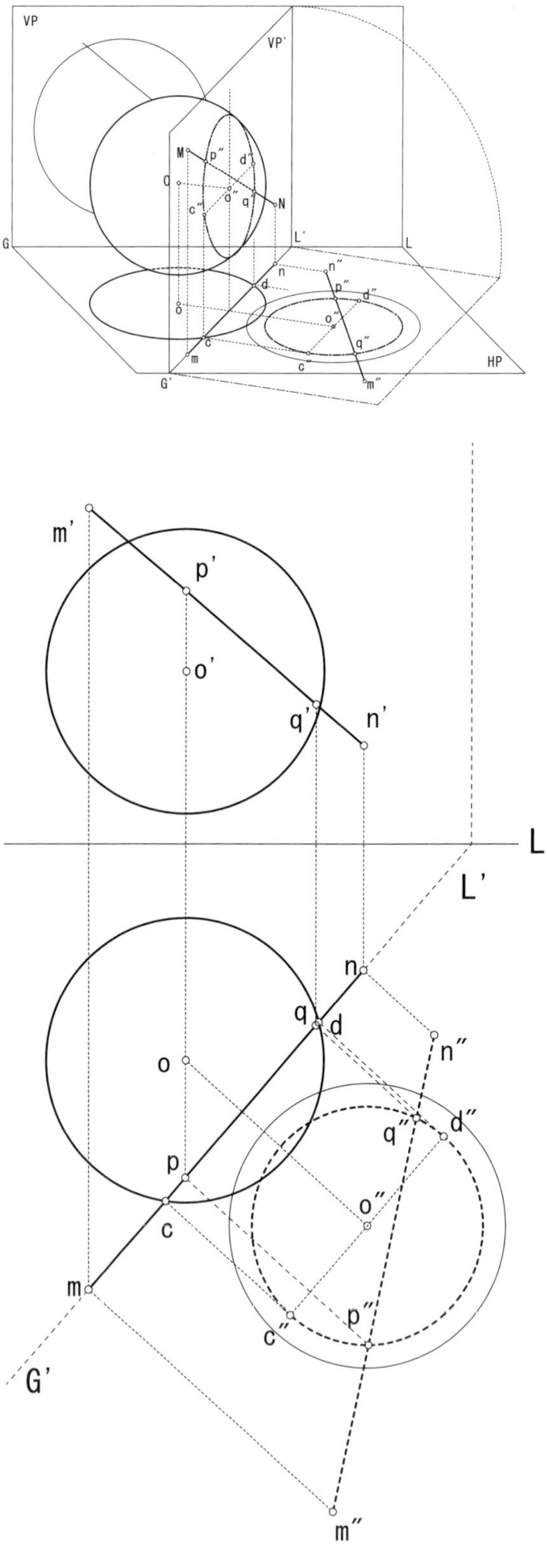

図4-28　球と直線の相貫

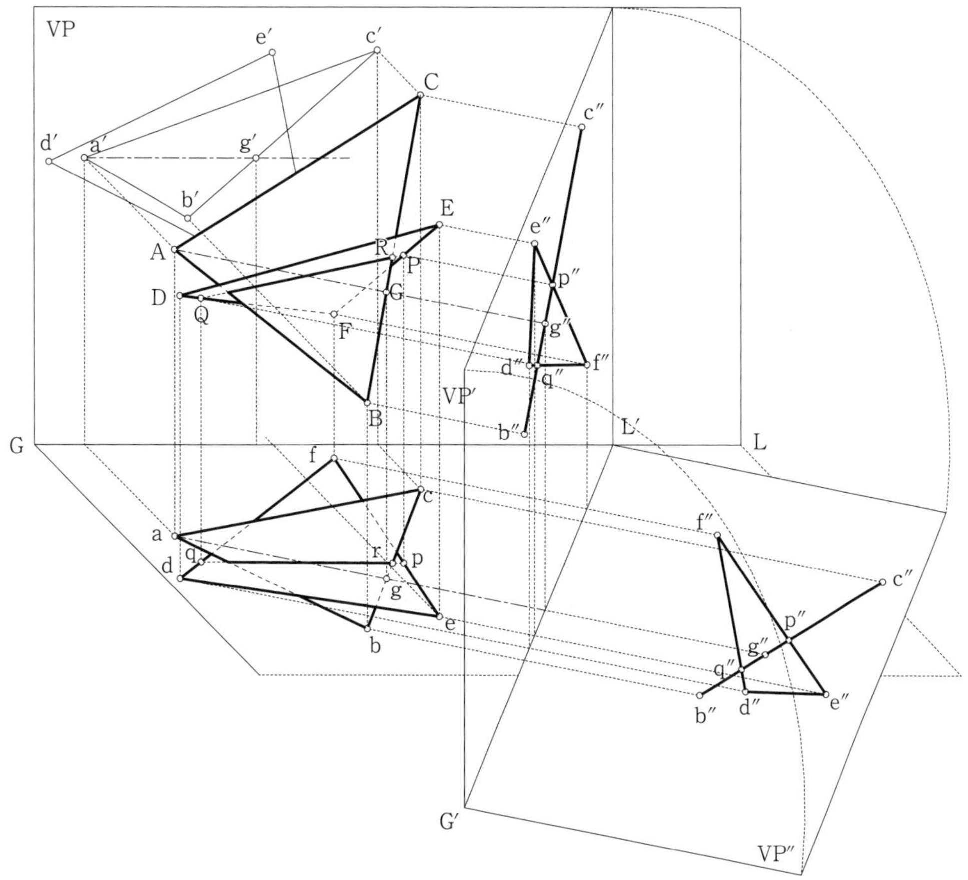

図 4-29（a）　空間上の 2 つの三角形の相貫

形 a″b″c″ の線視図）の交点 p″, q″ が求まり，これを元の平面図，立面図に戻せば，直線 pq 内に相貫線が含まれることになる。ここで元の三角形 ABC と DEF の位置関係を考慮することで，求める相貫線が得られる。

《複面投象の作図》　三角形 a′b′c′ の面内において頂点 a′ から水平な直線を引き，一辺 b′c′ と交わる点を g′ とする。これを対応線で平面図に移し一辺 bc との交点を g とすれば，直線 ga の方向は三角形 ABC が線視図として見える方向となる。この直線 ga に直交する新たな基線 G′L′ を引き，副投象を求める。三角形 abc と三角形 def の副投影については基線 G′L′ に直交する対応線を引き，基線 G′L′ からの高さを立面図における点の高さと等しい点を求めることで副投象の三角形 a″b″c″（線視図）と三角形 d″e″f″ が得られる。次に直線 b″c″ と三角形 d″e″f″ との交点を p″, q″ とする。

この点を対応線で元の平面図における三角形 def の辺 fd, ef との交点を p, q，直線 pq と一辺 bc との交点を r とする。ここで直線 pq は三角形 def の面内にあって，相貫線を含む直線であるが，三角形の位置関係によってはすべてが相

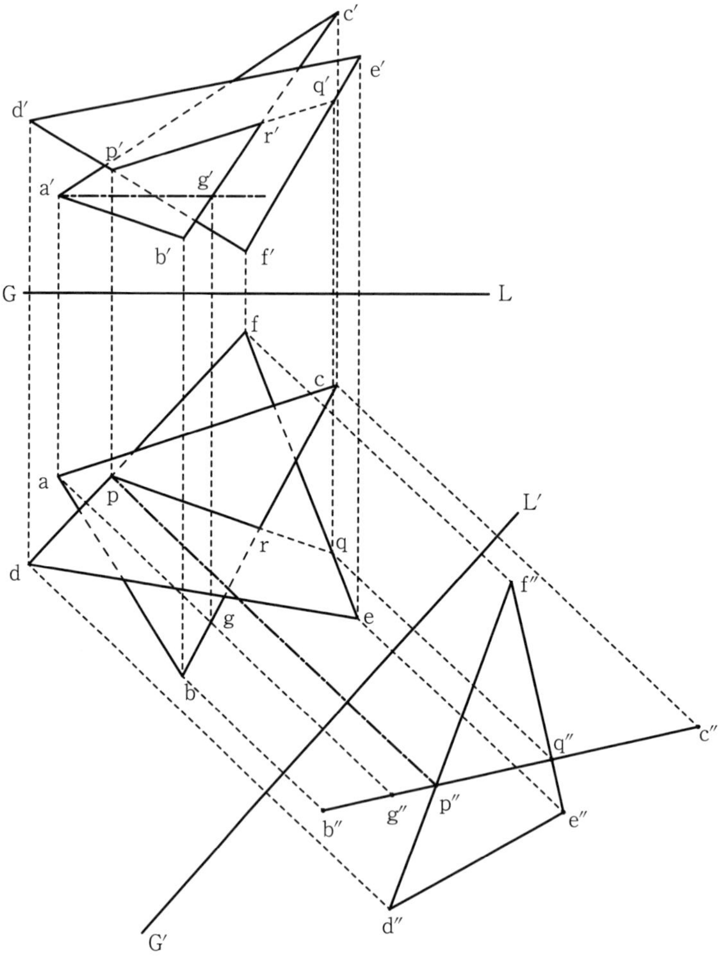

図 4-29（b）　空間上の 2 つの三角形の相貫（複面投象）

貫線となるわけではない。そのため 2 つの三角形 abc と def の上下関係，奥行関係を考慮して相貫線を決定することになる。まず rq の部分は 2 つの三角形が重ならないため，相貫線は発生せず点線表示とする。次に立面図を見ると点 e′，点 d′，点 c′ は点 a′，点 b′，点 f′ よりも高い位置にあり，三角形 def のうち辺 pdeq の部分は三角形 abc の辺 ab, bc よりも上にあることがわかる。（cb, br の一部は下部のために隠れる部分を破線表示にできる。）また点 c′ は点 f′ よりも高い位置にあるため，直線 cr は直線 fq よりも上にあることがわかる。（fq の一部は下部のために隠れる部分を破線表示にすることができる。）よって 2 つの三角形の相貫線 pr が決定する。これを対応線で立面図に移すと作図が完成する。

4.3.3　回転

空間内の図形を画面上の1直線を軸として回転させることで，その図形の実形や切断面を把握するために行う操作である。

(a) 直線の実長

たとえば図4-30のように空間内にある直線ABの実長と水平傾角θを求めるためには，直線ABの端点Bを通る垂直な直線を軸として直線ABが直立面に平行になるように回転させればよい。

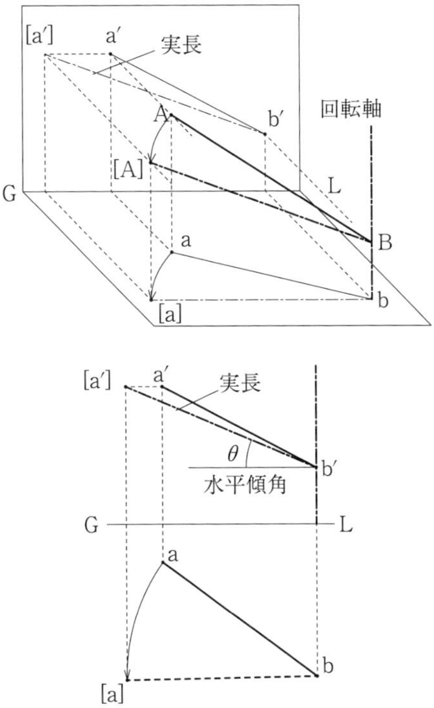

図4-30　直線の実形（傾角）

(b) 平面の実形

空間内にある平面Tの実形と開角αを求めるためには，その水平跡線tを軸にして平面T（直立跡線t′）を水平面まで回転すればよい（図4-31)。

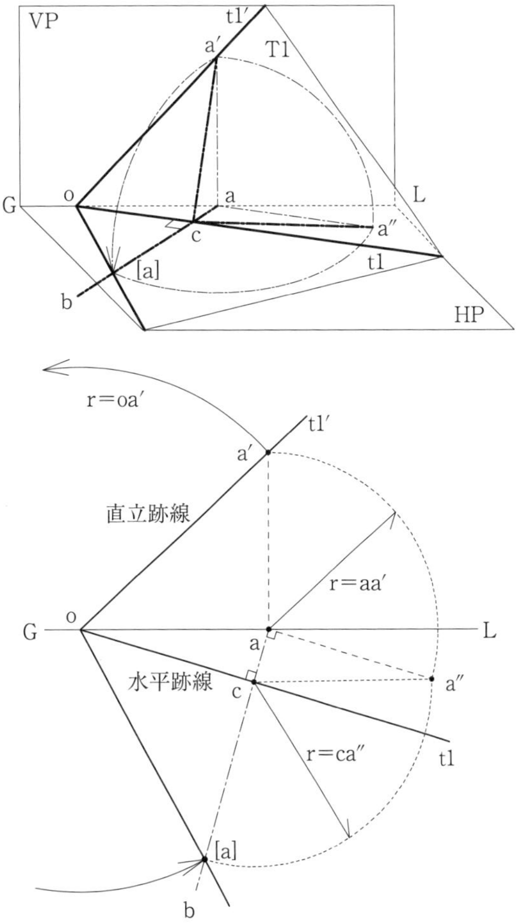

図4-31　平面の実形

《複面投象の作図》　平面T1の直立跡線上の任意の点をa′とし，点aから平面T1の水平跡線に直交する直線abを作図する。次に平面T1の水平跡線と直立跡線の交点をoとし，それを中心に点a′を直立面から水平面へ回転させて（ラバットメントという），直線abとの交点を［a］とすれば，直線o［a］は平面T1の直立跡線の実形となる。また角度ao［a］はその実角である。この作図を回転軸に直交方向の視点で眺めると，直線abをGLと考えれば点a′はa″の位置に作図できる。ここで先に示した点a′を回転させる操作は，点cを中心に半径ca″で点a′を回転させて直線abとの交点［a］を求める作図に対応する。これはラバットメントの作図と同様である。

(c) 多角形の実形

図 4-32 は空間内にあって直立面，水平面に平行でない三角形 ABC の実形を求める作図である。三角形 ABC の面内にあって端点 A を通る水平面に平行な直線を軸として，三角形を水平面に平行になるよう回転させることで，平面図において三角形 ABC の実形を求める。

《複面投象の作図》　立面図において点 a′ を通り水平な直線を引き，辺 b′c′ との交点を d′ とする。この点 d′ から平面図に対応線を引き，辺 bc との交点を d とすると，直線 ad は三角形 ABC の面内にあって水平面に平行な直線となる。

ここで，平面図において直線 ad に直交する基線 G′L′ を引き，直線 ad の軸方向から見た副投象を作図する。三角形 abc の副投象については基線 G′L′ に直交する対応線を引き，基線 G′L′ からの高さを立面図における点の高さと等しい点を求めることで副投象の三角形 a″b″c″ が作図でき，それが線視図（直線）の状態となる。副投象ではこの直線 ad を回転軸と考えることで点 a″ は点 d″ と重なる。点 a″ を中心に直線 b″c″ が基線 G′L′ と平行になるまで回転させ，$b_1''c_1''$ とする。この回転操作は平面図では回転軸 ad に直交する方向に作図線を引くことで得られ，副投象の点 $b_1''c_1''$ からの対応線（基線 G′L′ に直交する作図線）との交点 b_1, c_1 が得られる。よって三角形 ab_1c_1 は水平面と平行な平面となり，三角形 ABC の実形である。

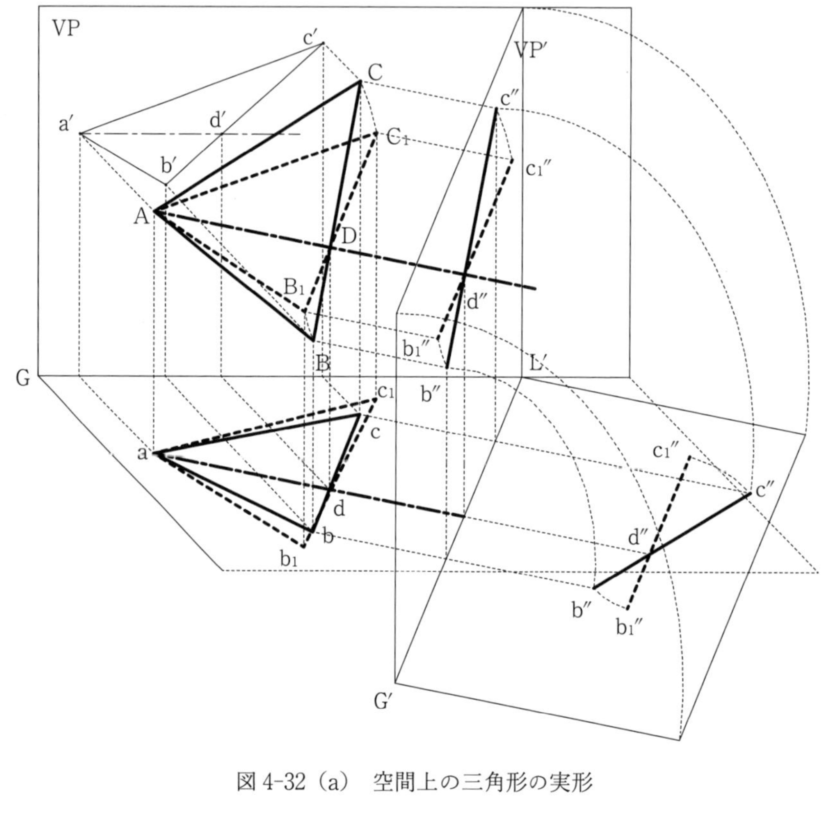

図 4-32（a）　空間上の三角形の実形

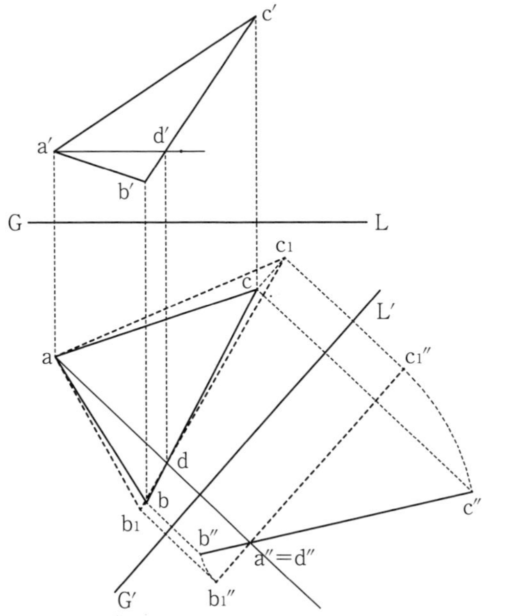

図 4-32（b）　空間上の三角形の実形（複面投象）

4.3.4　光線と陰影

物体に光線が当たっているとき，地面や他の物体に落ちるかげを影（Shadow）と呼び，物体の表面上にできるかげを陰（Shade）と呼んで区別する。また光が空間上の「ある対象」に当たってできる影と「ある対象」を結ぶ直線をここでは影線と呼ぶ。また，光線は平行光線と発散光線（点光源より出る光）の 2 種類があり，以下では平行光線において直立面，水平面において基線に対してそれぞれ 45 度の角度になる平行光線を標準光線と呼ぶ（図 4-33）。

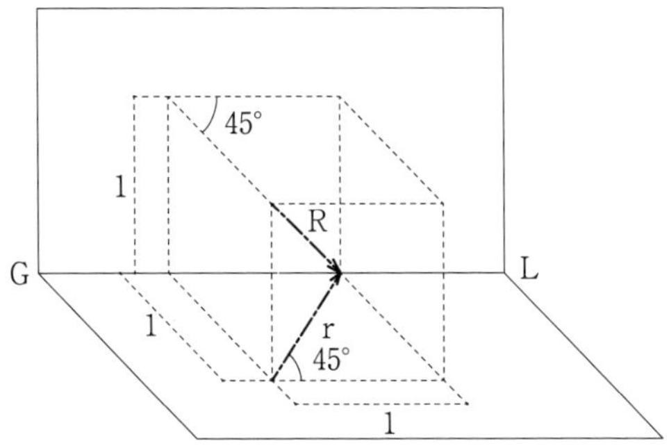

図 4-33　標準光線

(a) 多面体の陰影

平面上にある三角錐 VABC に標準光線が当たっているときにできる陰影を求める作図である。水平面上にできる三角錐の頂点 V の影 vs を求め，三角錐の底面の端点 A, B, C と結べばその影が得られる。図 4-34 は影 v_s が第 2 象限（直立面より奥）にあるため水平面でなく直立面に影ができている。

《複面投象の作図》　立面図で頂点 v′ から 45 度方向（標準光線）の影線を引き，基線 GL との交点を v_s' とする。ここで点 v_s' は頂点 V の水平面上への影である。同時に平面図でも頂点 v から 45 度方向に影線を引くが，ここでは影が第 2 象限まで達しているので，直立面である基線 GL を超えて作図し，立面図上の点 v_s' から垂直に引いた対応線との交点を v_s とする。点 v_s から三角錐の底面の端点 A, B, C を結べば，これが水平面上にできる三角錐の影である。ただしこの図の場合，影線は途中で直立面に遮られる。直線 Bv_s と Av_s の基線 GL との交点を

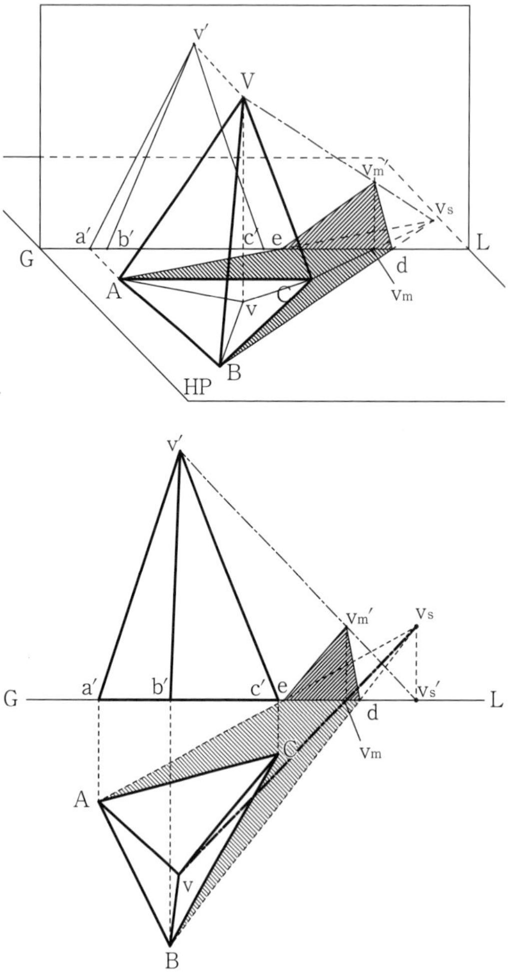

図4-34　三角錐の陰影

それぞれd, eとすると，基線GLよりも奥の部分（三角形dev_s）には影はできず，直立面側に影が生じることになる。頂点Vの直立面への影は平面図において頂点vから45度方向の影線と直立面（基線GL）との交点をv_mとして求まる。この点から立面図に対応線を引いて，影線との交点をv_m'として，直線dv_m'と直線ev_m'を作図すれば，三角錐VABCの直立画面への影が得られる。

三角錐の陰は平面図において標準光線である左下から45度の角度の光線に対して裏側になる面である三角形vBCと三角形vACが陰になり，その立面図である三角形v′b′c′が陰となる。

(b) 球の陰影

図4-35は空間内にある球Oに標準光線が当たっているときにできる陰影を求める作図である。まず球に平行光線が当たるとき，球の中心を通り，その光線に直交する平面による球の切断線が光の当たる部分と陰（Shade）との境界線となる。ここではこの切断面が線視図になる方向から副投象を描き，陰（Shade）の境界線を求めたうえで，その境界線から影線を作図して水平面にできる影（Shadow）を作図する。

《複面投象の作図》　まず球の中心Oの水平面上への影（Shadow）o_sを求める。立面図の点o′より影線を作図し，基線GLとの交点をo_s'とする。同様に平面図の点oから影線を作図して点o_s'からの対応線との交点をo_sとする。

次に球の中心を通り，標準光線に直交する平面（T1）を考え，この平面が線視図の状態になる方向から2つの副投象（VP1, VP2）を作図する。

1つは，平面図において標準光線に平行に新たな基線G′L′を作図する。球Oの副投象（VP1）について，球の中心oの基線G′L′に直交する対応線を引き，立面図における点o′の高さと等しい点o_1を求め，球o′と同じ半径で円を描けば副投象（VP1）における球の外形線が作図できる。次に，先に作図した球の中心の水平面への影（Shadow）o_sから副投象（VP1）へ対応線を引き，基線G′L′との交点をo_{s1}とする。ここで副投象において球の中心o_1とo_{s1}を結べば，これが副投象における標準光線の方向（角度）である。この副投象では平面T1は線視図の状態であり，この平面で球を切断したときの切断面（陰の境界線）も球の中心o_1を通る直線となる。したがって，点o_1を通り副投象の標準光線に直交する直線と球o_1の外形線との交点をa_1, b_1とすると，直線a_1b_1は陰（Shade）の境界線となる。

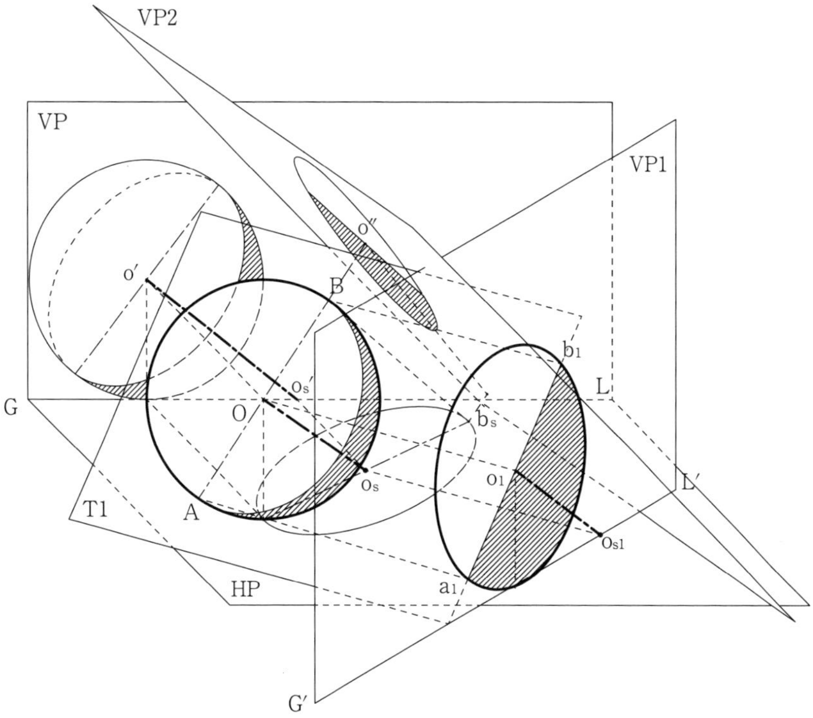

図 4-35（a）　球の陰影

もう 1 つの副投象（VP2）では，立面図において標準光線に平行に新たな基線 G″L″ を作図する。球 O の副投象（VP2）について，球の中心 o′ の基線 G″L″ に直交する対応線を引き，基線 G″L″（直立面）からの距離を平面図における点 o′ と直立面からの距離と等しい点 o_2 を求め，球の半径で円を描けば副投象（VP2）における球の外形線が作図できる。球の中心の水平面への影（Shadow）$o_s{}'$ から副投象（VP2）へ対応線を引き，平面図における点 o_s と直立面からの距離と等しい点を o_{s2} とする。ここで副投象（VP2）において球の中心 o_2 と o_{s2} を結べば，これが副投象（VP2）における標準光線の方向（角度）である。この副投象（VP2）では平面 T1 は線視図の状態であり，この平面で球を切断したときの切断面（陰の境界線）も球の中心 o_2 を通る直線となる。したがって，点 o_2 を通り副投象の標準光線に直交する直線と球 o_2 の外形線との交点を c_2, d_2 とすると，直線 c_2d_2 は陰（Shade）の境界線となる。

次に平面図における陰（Shade）の境界線を考えると，それは球の中心を通り標準光線に直交する直線と球の外形線の交点 e, f を通る。立面図における陰（Shade）の境界線も，同様に点 g, h を通る。以上のことから影（Shadow）の境界線上の点 a ～ h の平面図，立面図，副投象（VP1），副投象（VP2）における点をそれぞれの対応線と基線からの距離によって作図し，これらを曲線でつなげば，影（Shadow）の境界線が求まる。

次にこれらの点 a ～ h の水平面上にできる影（Shadow）a_s ～ h_s を作図して曲線でつなげば，影（Shadow）の境界線が得られる。

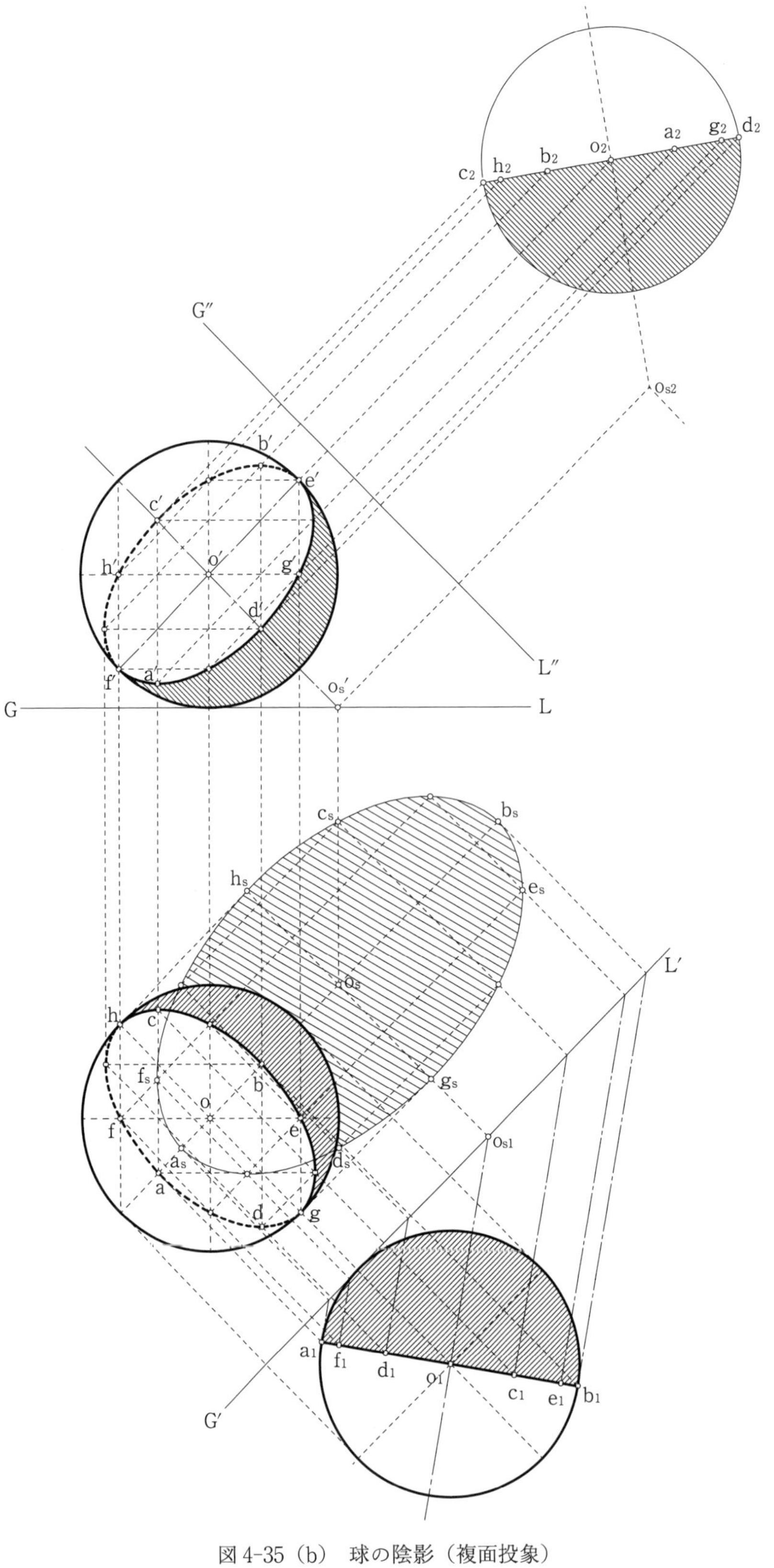

図4-35（b）　球の陰影（複面投象）

(c)　点光源から直線への陰影

図4-36は点Pから空間内にある2直線AB, CDの両方に交わる直線を求める作図である。

ここでは直線CDを面内に含み直立面に垂直な平面をT1とし，点Pを点光源と考えて，直線ABの平面T1上への影A_sB_sを求める。直線A_sB_sと直線CDの交点をQとするとPQが求める直線である。

《複面投象の作図》　直線CDを面内に含み直立面に垂直な平面T1を作図するには，まず直線c′d′と重なるように平面T1の直立跡線を描き，基線GLとの交点を求める。次にその交点から基線に直交する平面T1の水平跡線を描く。ここで立面図の点p′から点a′，点b′に直線を引き，それを延長して平面T1の直立跡線との交点をa_s', b_s'とする。同様に平面図の点pから点a，bに直線を引き，その延長線と点a_s', b_s'からの対応線の交点をa_s, b_sとする。ここで直線cdと直線a_sb_sの交点をqとすれば直線pqが求める直線である。

また同様に点qの対応線からq′を求めれば，直線p′q′が求める直線である。

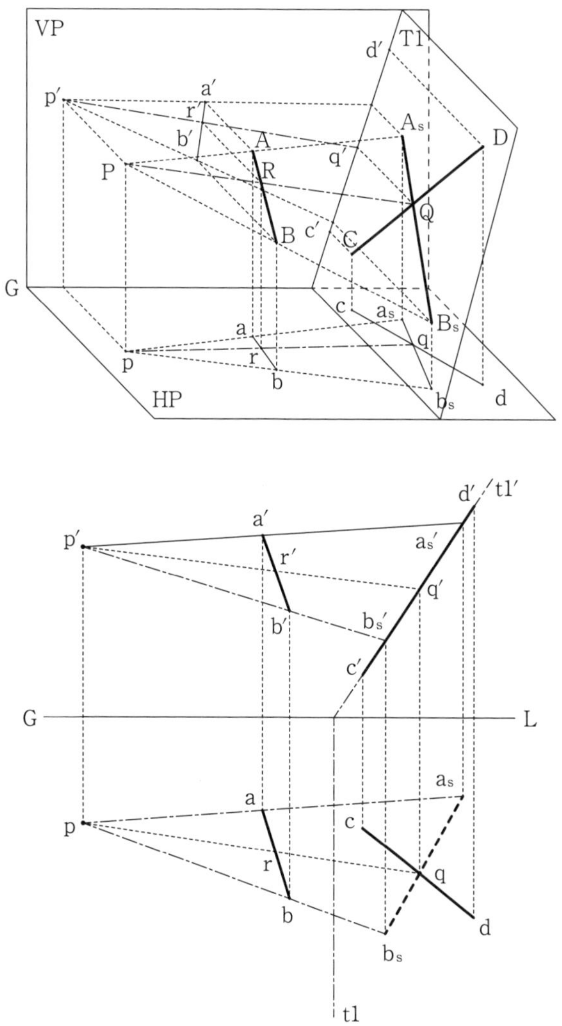

図4-36　点Pを通り2直線に交わる直線

(d) 斜円錐と直線の相貫

図4-37は水平面上にある斜円錐と直線の相貫点を求める作図である。斜円錐の頂点Vを点光源と考え，直線MNの水平面上にできる影m_s, n_sを求める。直線m_sn_sと斜円錐の底円との交点をd, eとすると，三角形Vdeは直線NMと同一面上にあり，その交点をP, Qとすれば，これが求める相貫点である。

《複面投象の作図》　立面図で頂点v'から点m'に作図線を引き，さらにその線を延長してGL線との交点をm_s'とする。平面図でも同様に頂点vから点mに作図線を引き，それを延長して，立面図のm_s'からの対応線を引き，その交点m_sを求める。また立面図で頂点v'から点n'にも作図線を引き，上記と同様に交点n_s', n_sを求める。

次に点n_sと点m_sを直線でつなぐと直線mnは三角形vm_sn_sの面内に含むはずである。次に直線m_sn_sと斜円錐の底円はいずれも水平面上にあり，その交点をd, eとする。次に点d点eと頂点vを直線でつなぐと，三角形vdeは三角形vm_sn_sの一部であり，同様に直線mnを面内に含むことがわかる。したがって，三角形vdeと直線mnの交点をp, qとすれば，これが求める相貫点である。

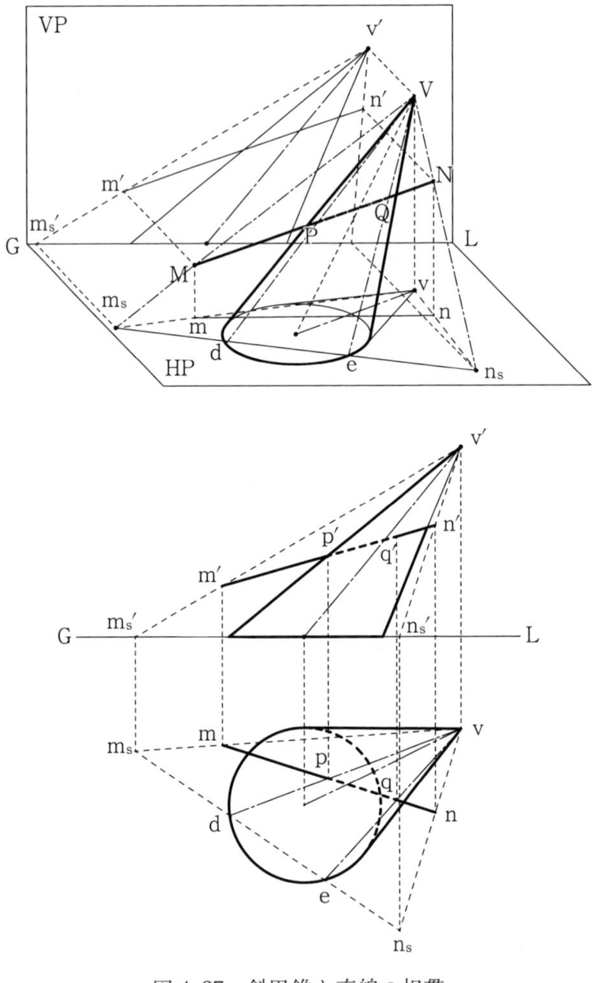

図4-37　斜円錐と直線の相貫

(e) 直円錐と直線の相貫

図 4-38 は空間上にある直円錐と直線 MN の相貫点を求める作図である。まず直円錐に内接する球 O の中心を通り直円錐の軸に垂直に交わる平面 T1 を考える。次に直円錐の頂点 V を点光源と考え，直線 MN の平面 T1 上にできる影 Ms, Ns を求める。直円錐の平面 T1 による接断線（円）と直線 M_sN_s の交点を D, E とすると，三角形 VDE は直線 NM と同一面上にあり，その交点を P, Q とすれば，これが求める相貫点である。

《複面投象の作図》　直円錐に内接する球 O の中心を通り直円錐の軸に直交する平面 T1 を作図するため，まずは水平面に垂直で直円錐の軸に平行な副投象を作図する。それには平面図の直円錐の軸と平行に新たな基線 G′L′ を作図し，この基線に対する副投象を求める。点 o，点 v，点 m，点 n から基線 G′L′ に直交する作図線を引き，それぞれの点の高さを元の立面図から得ることで直円錐 vo と直線 mn の副投象を作図する。次にこの副投象において内接円の中心 o″ を通り円錐の軸に直交する直線を引くと，これが平面 T1（線視図）となる。この線視図と基線 G′L′ の交点から平面上の円錐の軸に直交する直線を引けば，これが平面 T1 の水平跡線 t1 となる。また，この水平跡線と GL との交点から立面上の円錐の軸に直交する直線を引けば，これが平面 T1 の直立跡線 t1′ である。

ここまでが，直円錐に内接する球 O の中心を通り直円錐の軸に直交する平面 T1 を作図する手順である。

次に，まず副投象で頂点 v″ から直線 m″n″ の端点 m″, n″ に作図線を引き，その延長線と平面

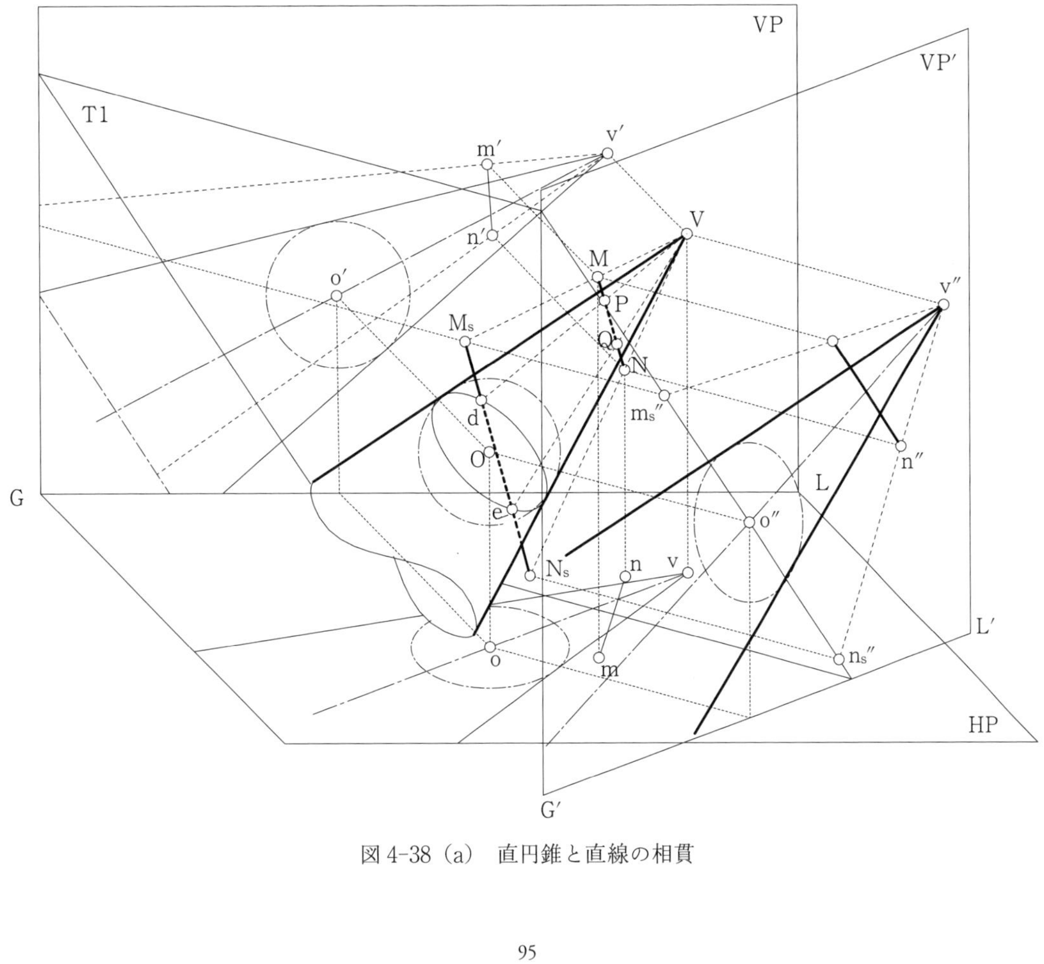

図 4-38（a）　直円錐と直線の相貫

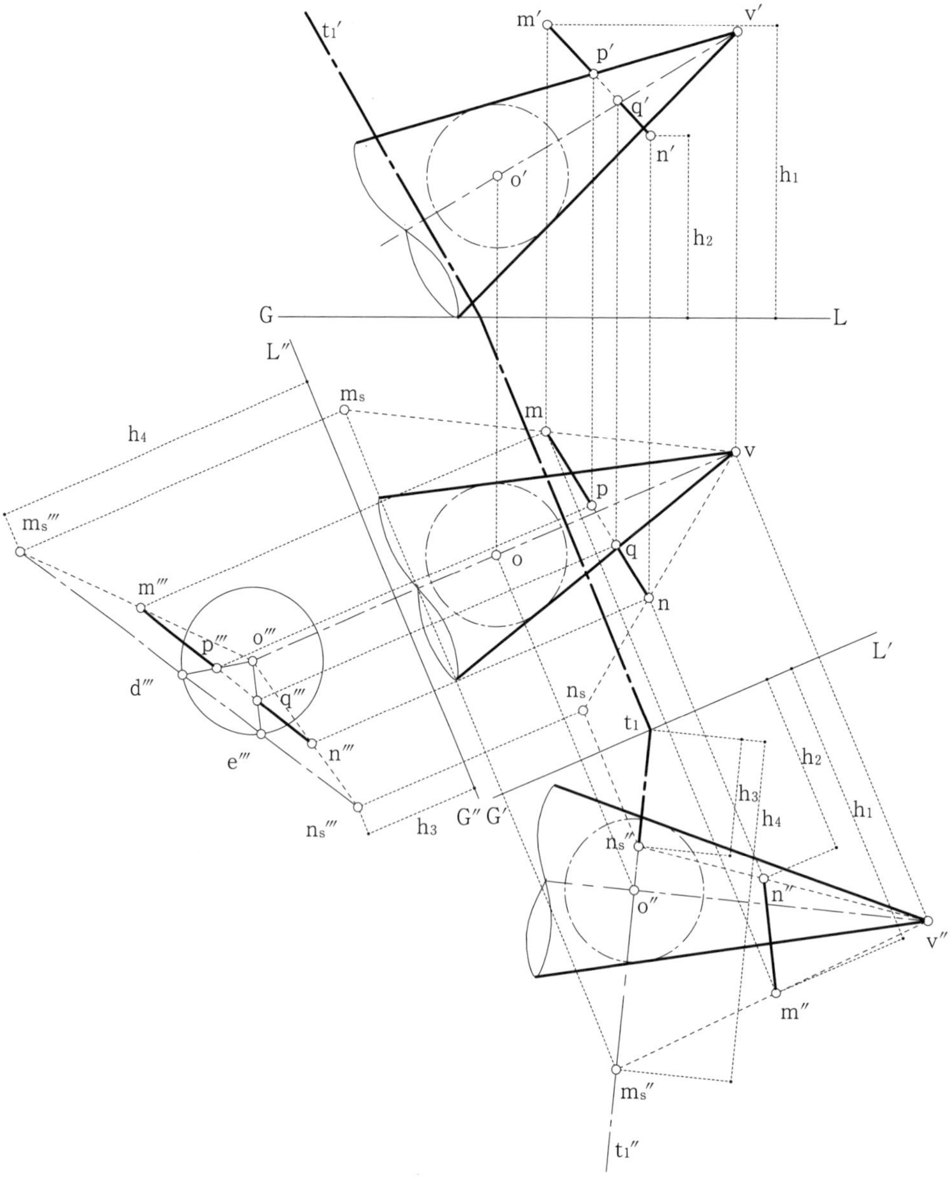

図 4-38（b）　直円錐と直線の相貫（複面投象）

t_1''（線視図）との交点 m_s'', n_s'' を求める。平面図でも同様に上記の作業を行い，交点 m_s, n_s を求める。次に平面 T1 を鉛直方向から眺めた第 2 副投象（直円錐の頂点から底円を眺める方向）を作図する。ここでは平面図の平面 T1 の水平跡線に平行な基線 G″L″ を作図し，直線 mn，頂点 v，点 m_s，点 n_s から G″L″ に直交する対応線を引き，第 2 副投象を作図する。このとき各点の G″L″ からの高さは，第 1 副投影における平面 T1 の線視図（t_1''）方向の距離（G′L′ からの）となる。また直円錐を平面 T1 で切断した切断円の直径もこの線視図上の長さで求められる。第 2 副投影で直線 $m_s'''n_s'''$ と切断円の交点を d''', e''' とすれば，直線 $m'''n'''$ と三角形 $v'''d'''e'''$ の交点 p''', q''' が求める相関点である。これを元の平面図，立面図に対応線で戻すことで解が得られる。

5 立体から空間へ

立体が存在するとき，それ以外のところには空間が生まれる。建築をはじめとする空間を設計するという行為は，建物の形をデザインすると同時に，その内部あるいは外部の空間をデザインしている。人がその空間を認識するときには立体像が網膜に投象されており，それは透視投象と同じ原理になっている。本章では，人が認識する空間を表現する技術として，透視投象から発展した写真，3D-CG，VR などを取り上げてその原理を解説する。

5.1 写真

写真は絵画の技法として発見された透視図からカメラ・オブスクラを経て到達した技術で，カメラで撮影された空間の画像である。

5.1.1 カメラ

カメラという名前はカメラ・オブスクラ（ラテン語で暗い部屋という意味）に由来している

図 5-1　カメラ・オブスクラ
カメラ・オブスクラとは，凸レンズ，反射鏡，すりガラスを使って木箱に外の景色を映し出す装置で，写真の発明以前から画家たちが風景画などを描くために使用していた。

（図 5-1）。1836 年にフランス人のジャック・ダーゲル（Jacques Daguere）は，カメラ・オブスクラに映る像をヨウ化銀が塗られた銅板に固定することに成功した。これが実用的な写真技術の発明といわれており，ダゲレオタイプと呼ばれる。

1888 年にはアメリカのイーストマン社によって，写真フィルムにつながるロールフィルムを使ったボックス型のコダックカメラが発売された。現在主流となっているデジタルカメラも，イートマン・コダック社が 1975 年に発明している。デジタルカメラはフィルムの代わりに光を電気信号に変換するセンサーを用いて，画像をデジタルデータで記録する。

5.1.2 ピンホールとレンズ

カメラ・オブスクラで箱の内側にできる立体の像は，立体に当たって散乱した光の中で，針穴ほどの小さい穴（ピンホール）に到達した光のみを箱の中に通すことで得られる。このときピンホールを点と考えると，箱の内側にできる像は，ピンホールの位置を視点とした透視投象と原理的に同じになる。ただし，撮像面（画面）の位置が視点よりも後ろにあるため，できあが

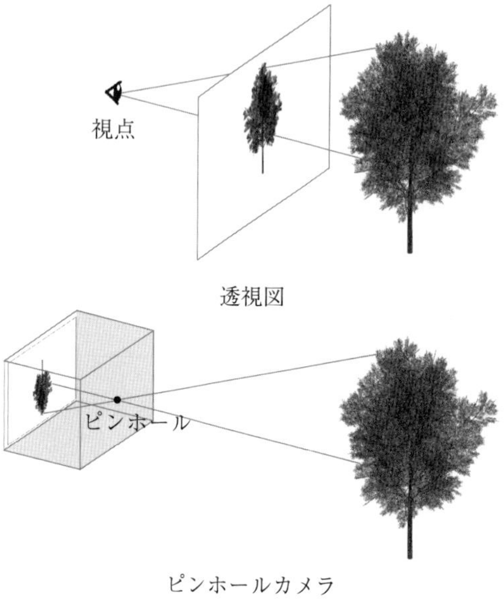

図 5-2　透視図とピンホールカメラ

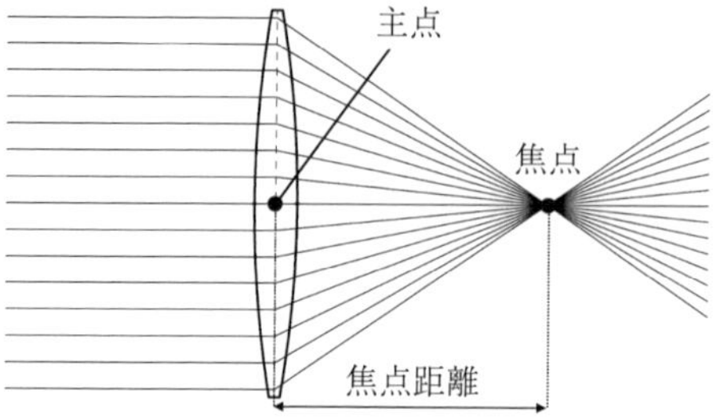

図 5-3　レンズの焦点距離
虫眼鏡で太陽の光を集めて紙に火をつける実験をするとき，紙の上で太陽の光が一番小さな点になるように移動させると素早く紙から煙が出ることはよく知られている。このときの虫眼鏡のレンズの中心から紙までの距離が焦点距離（まさしく焦げる点）である。つまり焦点距離とは，太陽光は無限遠から届くとみなして，平行光線が凸レンズを通って一点に収束するときのレンズの中心（主点）から収束した点までの距離となる。

る像は上下左右が反転したものになる（図 5-2）。

ピンホールと写真フィルムを組み合わせたカメラはピンホールカメラと呼ばれ，簡単に工作することもできる。ただし，ピンホールを通る光の量だけでは，フィルムを感光させるために長い露光時間が必要になってしまう。より短時間で像を得るためには，撮像面により多くの光を結像させる必要があり，カメラにはレンズが取り付けられている。また，レンズで光を屈折させることで，写真に映す範囲を変えることやピントの合う範囲をコントロールしてボケのある写真を作ることもできる。

5.1.3　レンズの焦点距離と画角

カメラで写真に写すことができる空間の範囲は「画角」という角度で考えるとわかりやすい。特に撮像面の水平方向の画角を「水平画角」，垂直方向の画角を「垂直画角」と呼ぶ。透視投象の場合，視点と画面の位置関係によって画角が決まる。カメラの場合には，1 つのカメラでもレンズの種類によって画角を変えることができる。

レンズに備わる画角は「焦点距離」という単位を使って表されることが多い。焦点距離とは，太陽のような平行光がレンズによって一点に集まる位置からレンズの中心までの距離のことである（図 5-3）。

焦点距離から画角を計算しようとすると「撮像面の大きさ」が影響する。撮像面の大きさはカメラの種類で異なるため，フィルム式のカメラで一般的に使用されていた 35 mm フィルムが今でも基準になっている（35 mm 換算と呼ばれる）。透視投象に対応させて考えると，レンズの中心が視点であり，撮像面が画面となり，視点と画面の距離が焦点距離に相当する。経験的に，人間の眼に近い範囲が撮影できるレンズは焦点距離が撮像面の対角線の長さ程度といわれており，そのようなレンズを「標準レンズ」と呼ぶ（図 5-4）。

35 mm 換算の標準レンズの焦点距離は 50 mm と言われている。撮像面の大きさは横 36 mm，縦 24 mm の長方形で対角線の長さは約 43.3 mm であるが，それよりやや長くなっている。

50 mm よりも焦点距離が短いレンズを「広角

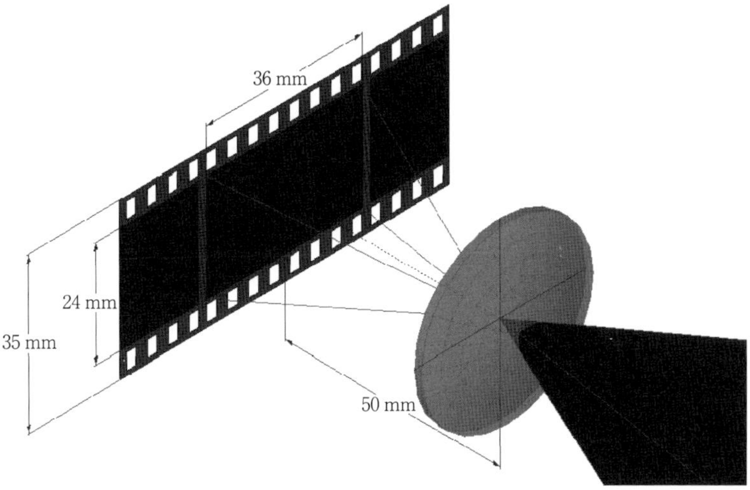

図 5-4　標準レンズ

レンズ」と呼び，標準レンズよりも広い範囲を写すことができる。一方，50 mm よりも焦点距離が長いレンズを「望遠レンズ」と呼び，標準レンズより狭い範囲を写すことで，遠くのものが近くにあるように見せることができる。

35 mm 換算での焦点距離と水平画角の関係を図 5-5 に示す。この図から，焦点距離が短くなると画角は広くなり，焦点距離が長くなれば画角は狭くなることがわかる。図 5-5 の右側には，焦点距離が 18 mm，50 mm，200 mm と変化したときの見え方の変化を示してあり，各図の中にはそれよりも長い焦点距離のレンズで写る範囲も示している。焦点距離が長くなっても物体の見え方は変化せず，そのまま拡大して表示されているのがわかる。

18 mm の広角レンズの場合が最も広い範囲を写している。広角レンズで撮影した写真は，実際に写真を見る距離（視点と画面までの距離）に対して物理的な写真の大きさ（画面の大きさ）が小さいと，左右の球と円柱が横に伸びたような印象を受ける。

一方，200 mm の望遠レンズだと遠くにある物体を大きく写すことができる。画角が狭くなり，徐々に平行投象の図に近づいていくことから，球および円柱の間隔は詰まって，前後の距

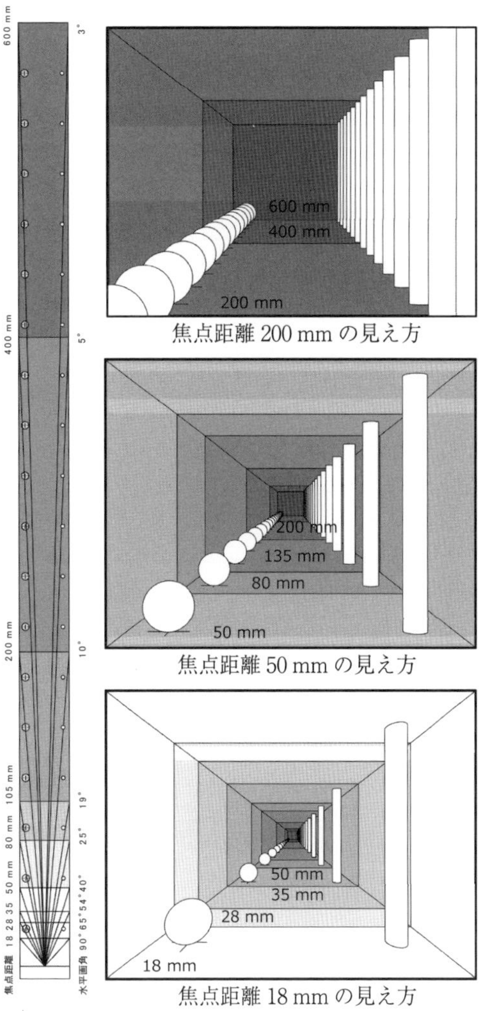

図 5-5　焦点距離と画角の関係および見え方

離感もなくなっている（望遠レンズの圧縮効果ともいう）。

厳密にいえば，画角に対応する焦点距離は撮影距離を無限遠とした場合の値である（レンズカタログの公称画角としてもこの値で表記されている）。これはレンズの性質上，焦点を合わせたい物体までの撮影距離が短くなるにつれて，焦点が後方へ移動し，撮像面までの距離が焦点距離よりも長くなるためである（繰り出し量と呼ばれる）。その結果，撮影距離が無限遠のときの画角が最も広く，撮影距離が短くなると画角は狭くなっていく。ただし，焦点距離（通常18 mmから600 mm程度）よりも撮影距離が十分長ければ，撮像面の位置はレンズの焦点距離と大きな差は生じない。

5.1.4　被写界深度

カメラのレンズを通して撮影した写真には，像の奥行き（深度）により，焦点が合っている部分と焦点が合っていない部分が生じる。焦点の合っているように見える奥行きの範囲のことを「被写界深度」と呼ぶ。

レンズの性質上，空間内のある点が撮像面上の点に完全に結像する焦点は，レンズの中心からある一定距離にある平面上の点のみで，その距離から離れるにつれてボケの量が大きくなる。ボケによって点から円になった像は「錯乱円」と呼ばれる。この直径が撮像面である撮影素子の画素ピッチ以下もしくはレンズの光学的な結像限界以下であれば，ボケとしては認識されないことになる。この最小の大きさを「許容錯乱円径」と呼ぶ。つまり，投象される点の像が許容錯乱円より小さくなる奥行きの範囲が被写界深度である（図5-6）。

被写界深度をコントロールするためのレンズの性質を表す用語の1つに，「F値」という単位がある。F値は焦点距離を有効口径で割った値で，同じ焦点距離であればF値が小さいほど口径が大きくなるため被写界深度は浅くなる。また，レンズには意図的に有効口径を小さくするための「絞り」と呼ばれる機構が取り付けられている（図5-7）。

一般的に，人物を中心に撮影したポートレートと呼ばれる写真では，背景を大きくボケさせた写真が多く見られ，それにはF値の小さいレンズが用いられていることが多い。また，口径

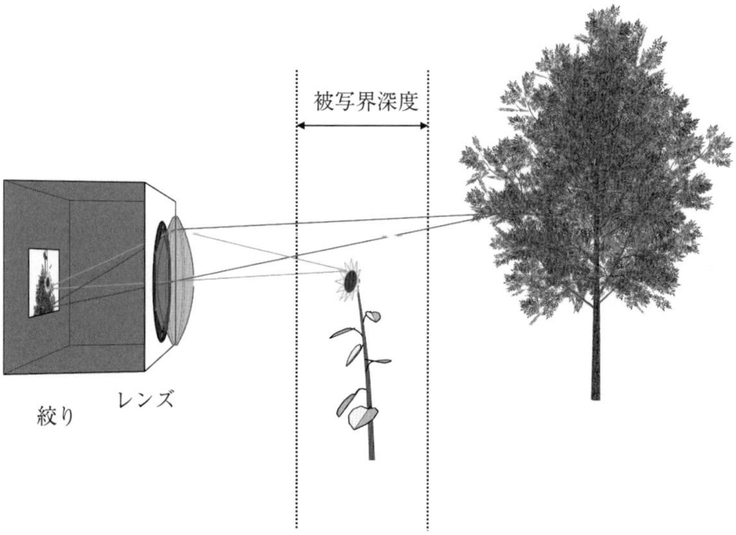

図5-6　被写界深度

が大きければより多くの光を集めることができるため，暗い場所でもシャッタースピードの早い撮影が可能になる。

特に口径が大きい（F 値の小さい）望遠レンズを使用して，近くのものを撮影すると，焦点が合う範囲が狭くなり，ボケの量が増す。それとは逆に口径の小さい（F 値の大きい）広角レンズ（スマートフォンのカメラに多い）で遠くのものを撮影すると，すべてに焦点が合うようになる。これはパンフォーカス撮影と呼ばれる。一般的にはパンフォーカスの写真が好まれる場合が多いが，見せたいところに焦点を合わせてそれ以外をぼやかすことで 1 枚の写真でも奥行き感のある表現ができる（図 5-8）。

図 5-7　絞りとシャッタースピード

図 5-8　ボケのある空間表現

5.1.5　建築空間の写真

建築空間を第三者に伝えるために写真を利用する場合，透視図と同様，構図やレンズの選択に配慮する必要がある。

特に，直交座標に平行な面で構成された四角い建物を撮影する場合，カメラの位置と向きによって，一点透視図，二点透視図，三点透視図と同じ状態の写真が撮影できる。

透視図の場合，三点透視図は作図の煩雑さから多用することは少ないが，カメラであれば，高い建物を少し見上げて撮影すると，建物の垂直線が上すぼみの三点透視図状態の写真になる。しかし，人間は垂直だとわかっている柱を見るとき，網膜上で垂直ではなくても垂直線として認識する特性がある。そのため，三点透視図状態の写真を見て違和感を覚える場合も少なくない。

建築雑誌やデザインの専門書の建築写真を見ると，垂直線は垂直に，水平線は水平に撮影されている場合が多い。そのため，画面の中心からレンズを水平・垂直方向にずらすことができるシフトレンズが使われる場合もある（図 5-9）。また，デジタルカメラで撮影した画像であれば，画像処理ソフトを使って撮影した空間を変形させて垂直線を補正することもよく行われる。

被写界深度については，空間全体を見せたい写真の場合，被写界深度の深い（すべてに焦点が合った）パンフォーカスの状態で撮影するべきである。そのためには，レンズの F 値を大きくして撮影する。ただし，暗い場所で F 値を大

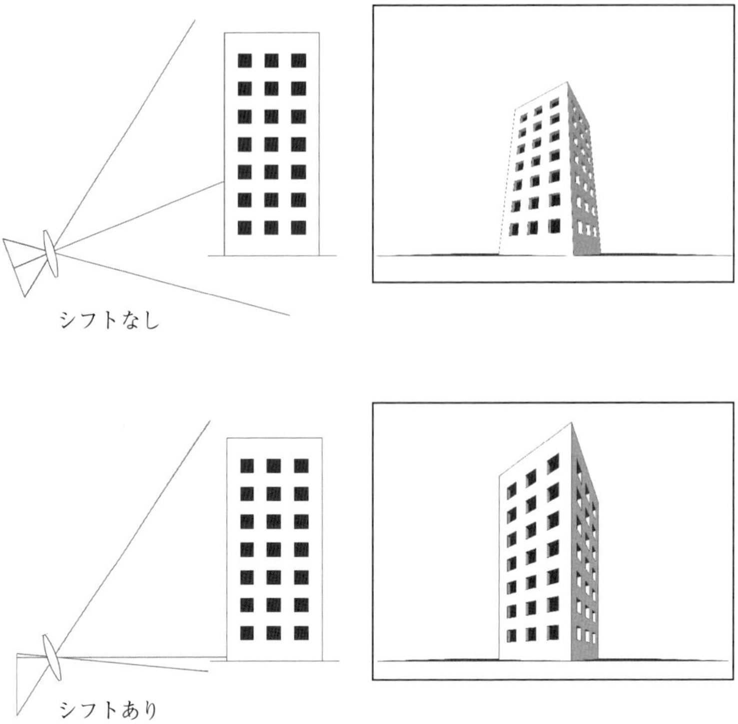

図5-9　シフトレンズによる撮影

きくして撮影すると，シャッタースピードが遅くなるため，三脚などを使ってカメラを固定して撮影するとよい。

5.1.6　写真合成

建築空間を設計するとき，建築物の模型写真やCGを敷地の写真に合成して，設計案を検討したり，プレゼンテーションしたりすることはよく行われる。

ここで2種類の写真を自然に見えるように合成するためには，カメラの相対位置関係やレンズの種類を一致させる必要がある。たとえば，敷地写真からカメラ（視点）の位置を推定することができれば，その視点に合わせて模型写真を撮影したり，CGを作成したりすると，違和感なく合成することができる。特に，2枚の写真で水平線（または地平線）の位置が一致していることは見た目に重要であり，最も配慮するべき点である。水平線が写っていない場合，次項の手順に従えば，水平線の位置が推定できる。

5.1.7　写真の水平線と視点位置の推定

ここでは二点透視図状態の写真から水平線と視点の位置を推定することを考える。二点透視図の写真には，互いに直行する水平な直線が2組ずつあるものとする。それは四角い建物が写っていてもよいし，四角い紙を地面において撮影してもよい。

透視投象の性質から，空間内で平行な位置関係にある2直線は，画面と平行でない限り，視点から無限遠方向に伸ばすと，透視図上では消点で交わることになる。二点透視図状態の写真では，水平で互いに直交する2直線から2つの消点を求めることができる。この2つの消点を直線で結べば，水平線の位置が推定できる。

次に，図5-10のように画面の平面図を設定して2つの消点の平面図を描く。写真の特性として，画像の中心が視心（視点の立面図）にな

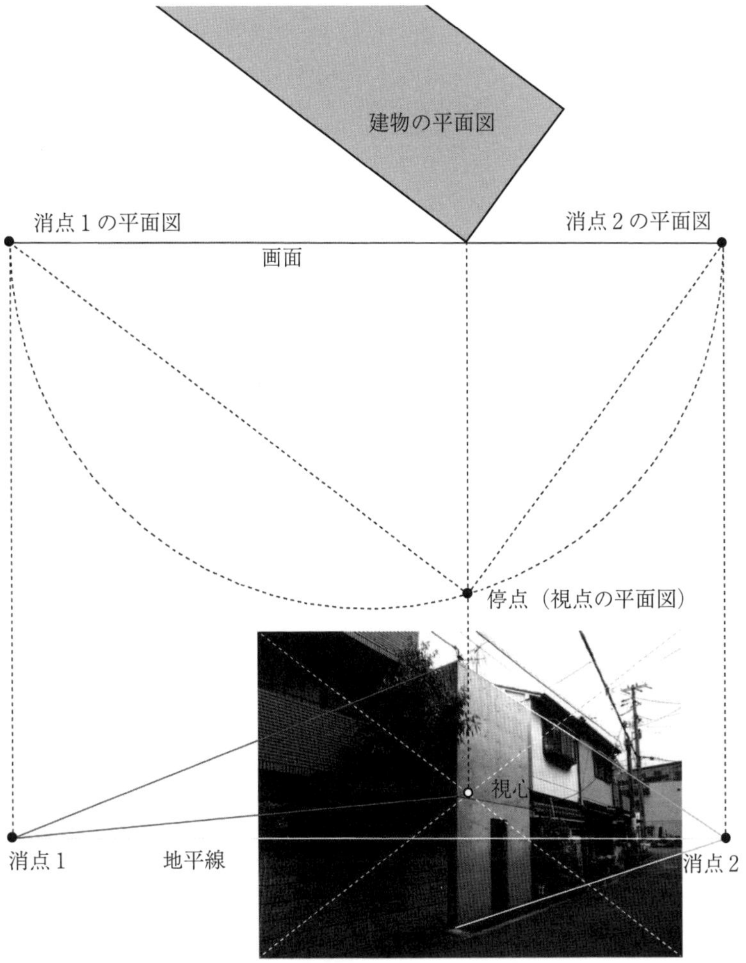

図 5-10　作図による視点位置の復元

っているため，消点 1 の平面図と消点 2 の平面図を直径とした半円と視心の対応線との交点から直角三角形を作図できる。この直角三角形の頂点の位置が，画面に対する視点の平面図（停点）を表しており，視点位置が推定できたことになる。

上記の手順は，透視図の 2 消点法による作図手順の逆を辿っていることになる。視点と画面との距離が求まったことで，写真の水平画角，つまりレンズの焦点距離も推定することができる。

5.2　3D-CG 空間

3 次元コンピュータグラフィックス（3D-CG）は，コンピュータに立体の形状データを入力し，任意の方向から見た 2 次元の画像を生成する技術であり，平行投象や透視投象といった投象の技法が用いられる。3D-CG によって構築された仮想的な空間（3D-CG 空間）は，建築デザイン，プロダクトデザインから各種のビジュアライゼーション，映画やビデオゲームなどの娯楽等，さまざまな分野で活用されている。

5.2.1　立体形状モデル

3D-CG 空間に配置された立体形状を表すモ

デル（立体形状モデル）は，立体の表面（サーフェス）の表現方法により「ポリゴンモデル」と「パラメトリックモデル」に大きく分けられる。ポリゴンと呼ばれる多角形の集合で表現するのがポリゴンモデルで，パラメトリック形式の数式によって表現するのがパラメトリックモデルである。

(a) ポリゴンモデル

ポリゴンは多角形という意味であるが，多くのポリゴンモデルは立体の表面形状を三角形の集合で表現する。どんな複雑な形状でも，ポリゴンを細かくすることで精度を上げることができる一方，球をはじめとする滑らかな曲面も小さな三角形の集合で近似されてしまう。

コンピュータ内部で記述されるデータ構造は，ポリゴンの頂点座標と面を構成している頂点の番号（インデックス）によって構成される（図5-11）。データ構造が比較的シンプルなので，異なるソフトウェア間でデータをやりとりするのが比較的容易である。

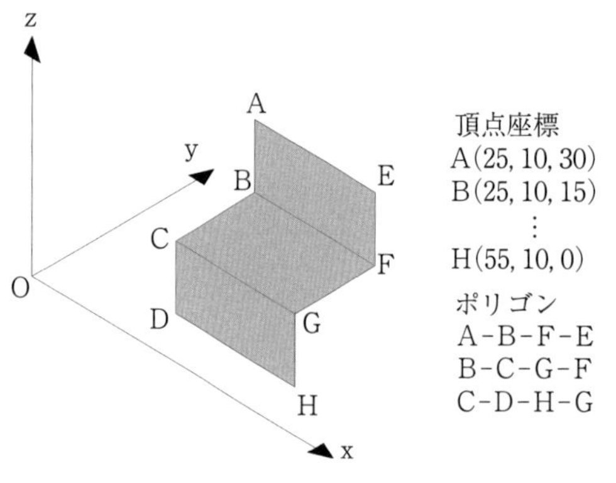

図5-11　ポリゴンモデル

(b) パラメトリックモデル

パラメトリックモデルはパラメータ（媒介変数）を介して座標値が1つ定まる数式で立体の表面形状を表現する。滑らかな曲線や曲面で構成された形状を表現するのに適していることから，工業デザイナーが使う3D-CADでよく使われる。

コンピュータ内部で記述されるデータ構造は，曲線の場合，パラメータtによって3次元空間上の点（x, y, z）を決定する。曲面の場合，2つのパラメータ（u, v）から点（x, y, z）を決定する。

3D-CADでよく用いられるパラメトリックモデルとして，ベジェ曲線・曲面，NURBS（非一様有理Bスプライン）曲線・曲面などが挙げられる。3D-CAD上の操作では数式を直接入力することはせず，代表的な制御点を動かしながら任意の曲面にモデリングしていくことになる（図5-12）。パラメトリックモデルを画面に表示する段階では，画面の解像度に応じてパラメータの値を細かくとって表示用のポリゴンモデルを動的に生成する。その結果，画面を拡大しても滑らかな曲線，曲面が維持される。

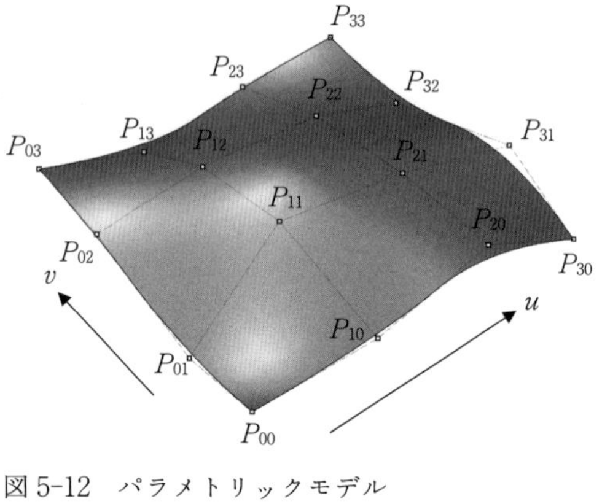

図5-12　パラメトリックモデル
NURBS曲面。制御点P_{ij}で定義したパラメトリック曲面。$0 \leqq u \leqq 1, 0 \leqq v \leqq 1$のパラメータ領域で定義される多項式によって表される。

(c) サーフェスモデルとソリッドモデル

ポリゴンモデルおよびパラメトリックモデルによる立体形状モデルは，立体表面の形状データのみで構成される。これらは「サーフェスモデル」と呼ばれる。サーフェスモデルを3D-CAD/CGで扱う場合，その仕様によってサーフェスに表裏が設定されており，裏側が表示さ

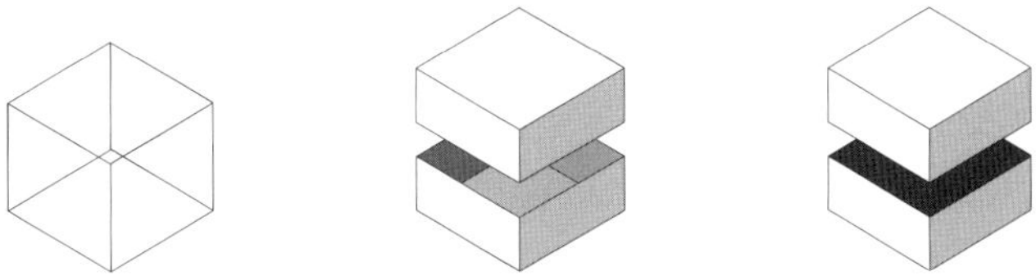

図 5-13　ワイヤーフレームモデル，サーフェスモデル，ソリッドモデル

れないソフトウェアもあるため，モデリングするときにサーフェスの向きに注意を払う必要がある。また，サーフェスは面の厚みがなく，立体形状の中身が空洞になっているため，実在する物体を再現するにはデータが不十分である。

物体の表面だけではなく中身の詰まったデータとして記述されたものは「ソリッドモデル」と呼ばれる。ソリッドモデルは，サーフェスモデルにボリューム情報が付加された形式になっていることが多い。このときサーフェスは単独で存在せず，複数のサーフェスで立体形状が閉じられている必要がある。ソリッドモデルによって立体の体積計算や立体どうしの干渉チェックを行うことができる。

それ以外にも頂点と稜線のみで形状を表現した「ワイヤーフレームモデル」がある。ワイヤーフレームモデルのデータは非常に軽量であるが，現在ワイヤーフレームだけを扱う 3D-CAD/CG ソフトウェアはほとんどない。大規模なデータの立体形状モデルを素早く表示したり，見えない部分を確認したりするため，サーフェスを一時的に非表示にしてワイヤーフレームモデルが利用される（図 5-13）。

(d) 3D プリンタ用のデータ

3D プリンタ用のデータとして，サーフェスモデルは面の厚みがなく出力ができないため，ソリッドモデルが必要である。

3D プリンタ用のデータとして一般的によく用いられるデータ形式の 1 つに STL がある。STL 形式のファイルはポリゴンモデルのデータであり，サーフェスのデータしかもっていないが，サーフェスによって閉じられている立体形状がソリッドと解釈される。そのため，サーフェスに穴が空いている場合や，サーフェスの表裏が統一されていない場合はエラーが出力される。これには注意が必要である。

5.2.2　座標系と座標変換

コンピュータは数値で立体形状モデルを処理するため，基準となる 3 次元空間の座標系が必要となる。最もよく使われる座標系は 3 次元直交座標で，原点を基準に x, y, z 軸上の座標値の組み合わせで点の位置が表される。このとき x 軸，y 軸に対する z 軸の向きによって，右手系と左手系という呼び方で座標系が分類される。

親指を x 軸，人差指を y 軸，中指を z 軸と見立て，互いの指を直交関係にしたとき，右手の配置になるものが右手系，左手の配置になるものが左手系である。3D-CG を扱うソフトウェアによって右手系のものと左手系のものがあるので，座標値を扱うときには留意する必要がある。

また，z 軸が水平面に垂直な上方向に設定された座標は z-up，y 軸が上方向に設定された座標は y-up と呼ばれる（図 5-14）。建築系の CAD ソフトウェアでは水平面を xy 平面とするのが通常なので z-up となるソフトウェアが多い。一方，ディスプレイの画面を xy 平面と考えて，画面の奥行きを z 軸とする 3D-CG ソフトウェアも多く存在する。この設定が y-up である。

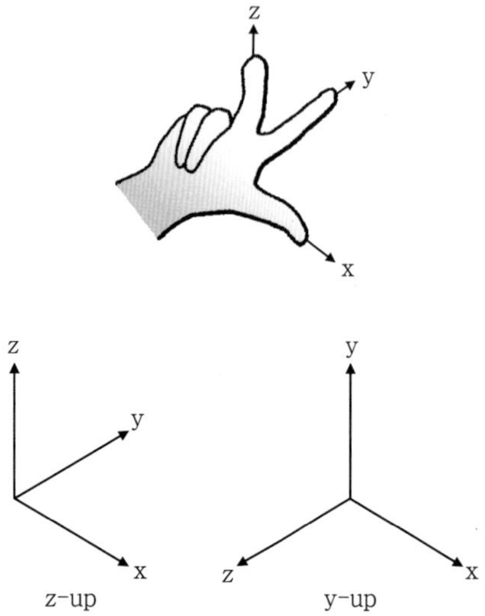

図5-14　右手座標系（z-up, y-up）

3次元空間の基準となる唯一の座標は「ワールド座標」または「絶対座標」と呼ばれる。

それ以外にも立体形状モデルがディスプレイ画面に投象されるまでの処理においては，複数の座標系が扱われる。立体形状モデルを加工したり，移動・回転させたりする場合，ワールド座標の原点を基準とはせず，立体形状モデル単位で座標の原点が設定されている。このような立体形状モデル単位の座標は「ローカル座標」と呼ばれる。

また，ワールド座標に設定されたカメラ（視点）を基準にした座標は「カメラ座標」と呼ばれる。カメラ座標では視点が原点となり，画面の水平・垂直方向がx軸・y軸，画面の奥行き方向がz軸となる。カメラ座標で設定された画

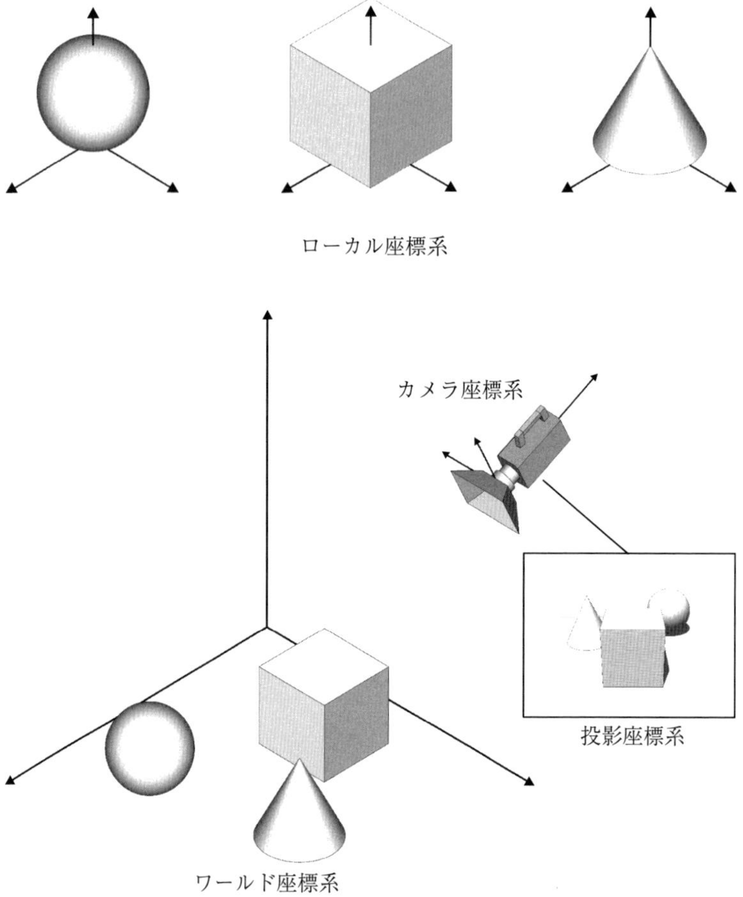

図5-15　各種の座標系

面に立体形状モデルが投象された座標は「投象座標」と呼ばれる。

コンピュータで立体形状モデルを画面に投象する処理は，上記の一連の座標の変換が行われる（図 5-15)。

5.2.3　立体形状モデルの配置

3D-CG 空間に立体形状モデルを配置することは，ローカル座標からワールド座標に座標変換することを意味する。このとき立体形状モデルには位置，向き，拡大縮小率を設定する。

3D-CG ソフトウェアを使う場合は，マウスを使って立体形状モデルを任意の位置に「移動」，任意の向きに「回転」，任意の大きさに「拡大縮小」することができる（図 5-16)。移動は x, y, z 軸の各軸方向の移動量，回転の場合は x, y, z 軸の各軸周り（または任意の回転軸周り）の回転角，拡大縮小の場合は x, y, z 軸の各軸方向の拡大縮小率と，それぞれ 3 次元のベクトルデータになっている。そこから「アフィン行列」と呼ばれる 4×4 の行列にして，ローカル座標からワールド座標への変換を計算する。

立体形状モデルの移動・回転・拡大縮小の操作の中で，回転についてはやや複雑な問題が発生する。各軸周りの回転による制御は直観的にわかりやすいような形で「ロール」「ピッチ」「ヨー」と呼ばれ，飛行機等の移動体を任意の方向に制御するのにも使われている（図 5-17 上)。その一方で，各軸の回転を適用する順序を変えると結果が異なることや，ジンバルロックと呼ばれる 2 軸が同一平面上に重なってしまう現象が起こり得るなどの問題がある（図 5-17 下)。

これらの問題を回避するため，クォータニオン（四元数）と呼ばれる数を使って回転を制御しているソフトウェアが多い。クォータニオン

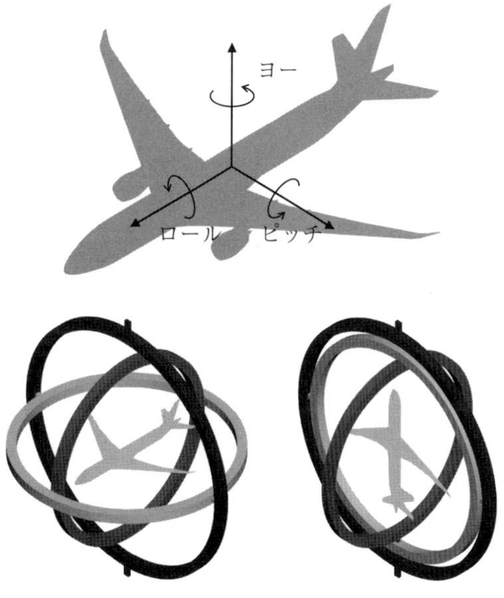

図 5-17　ロール・ピッチ・ヨーとジンバルロック

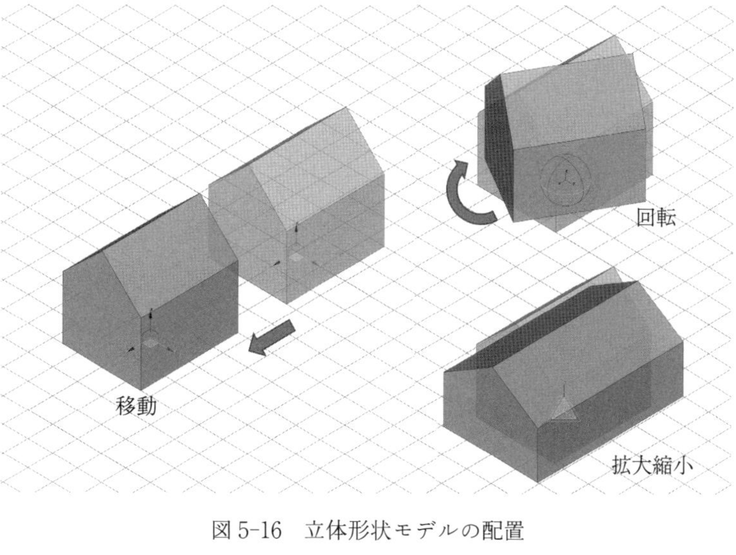

図 5-16　立体形状モデルの配置

は4つの数値で任意の軸周りの回転を定義しておりジンバルロックが生じない。また，ある方向を向いた立体形状を別の方向に向けるために回転するとき，その回転の滑らかな補間（球面線形補間と呼ぶ）を計算できる利点もある。

5.2.4　投象変換

投象によって3D-CG空間を2次元画像で表現する場合，平行投象と透視投象の2種類が使われる。コンピュータが投象を処理するためには，立体形状モデルの各頂点の3次元座標から投象する画面の2次元座標への変換が行われる。

(a)　平行投象

右手系（y-up）のカメラ座標で平行投象する場合，投象面を $z=-1$ の平面とすると，頂点 $A(x_1, y_1, z_1)$ が頂点 $A0(x_1, y_1, -1)$ に投象される（図5-18）。この座標変換は，x座標，y座標の値が変わらないので単純である。

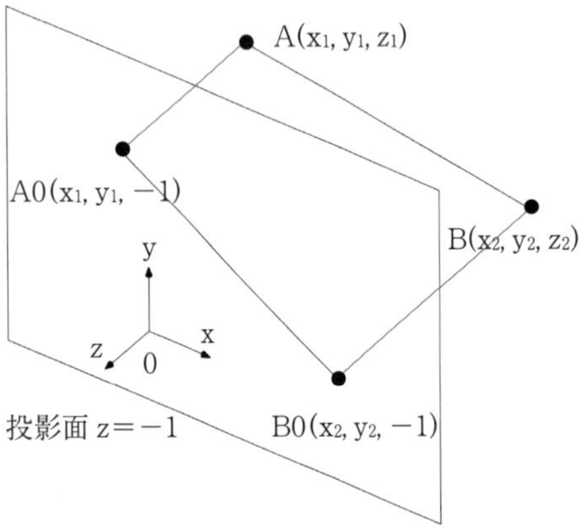

図5-18　点Aの平行投象

(b)　透視投象

右手系（y-up）のカメラ座標で透視投象する場合，視点を原点，投象面を $z=-1$ の平面とすると，頂点 $A(x_1, y_1, z_1)$ が頂点 $A0(-x_1/z_1, -y_1/z_1, -1)$ に投象される（図5-19）。この式から，投象面上のx座標，y座標は，z座標が大きいほど小さくなることがわかる。つまり，立体形状モデルがカメラから遠くにあればあるほど，投象される形は小さくなる。

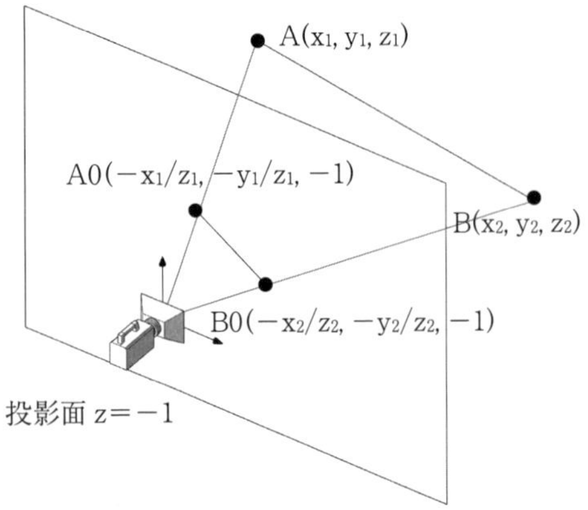

図5-19　点Aの透視投象

3D-CGでカメラをシミュレーションすると，画面の大きさが撮像面の大きさ，投象面までの距離が焦点距離に相当する。

5.2.5　行列による透視投象変換

3D-CG空間におけるカメラの位置および投象面の位置と大きさが決まると，投象面に映る空間の範囲が決まる。その範囲は視錐台と呼ばれるボリュームで表される。ポリゴンモデルのような大量の頂点に対して透視投象を処理する場合，透視投象行列を使って視錐台を立方体に変換する。そのパラメータと透視投象行列を図5-20に示す。

行列内のパラメータ l, r, t, b は投象面の大きさを左右上下の座標で表している。n が投象面までの距離となり，f は投象する空間の最遠距離を表す。CGの透視投象変換において，視心の位置は画面の中心に設定するのが通常であるが，カメラで二点透視図状態の写真を撮影するためにシフトレンズを使うのと同様，3D-CGでも視心を画面の中心からずらして投象することもできる。これには行列のパラメータを変更することで可能となる。

透視投象行列は4×4の行列となっており，3次元の頂点の座標も4次元座標 $P(x, y, z, 1)$ と

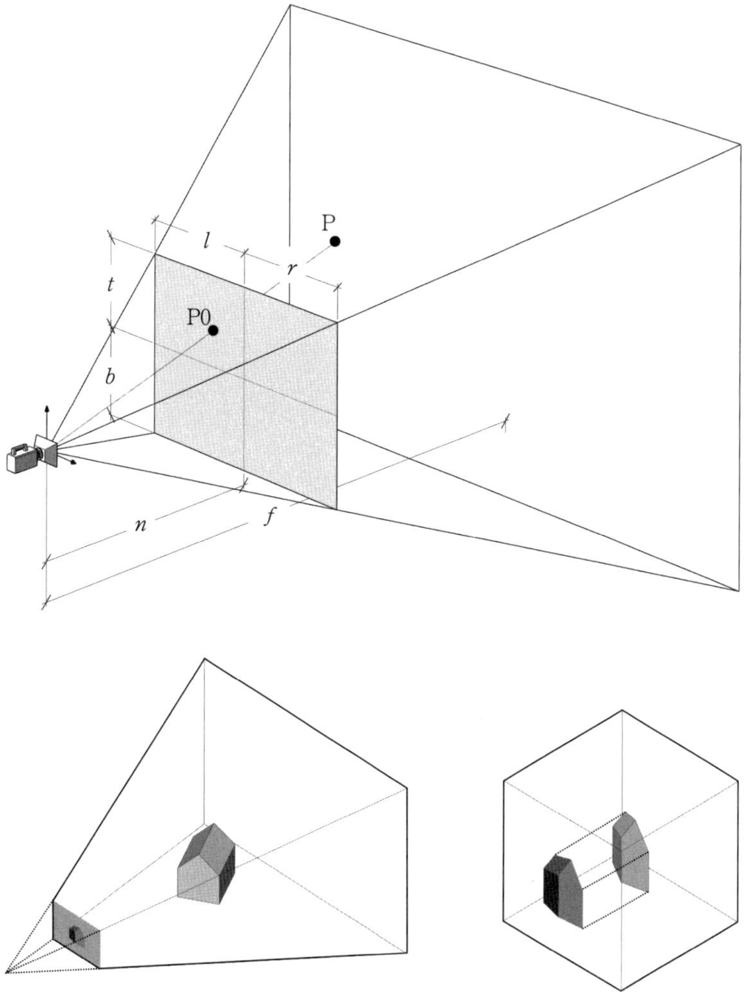

$$\mathrm{P0}=\begin{bmatrix} \dfrac{2n}{r-l} & 0 & \dfrac{r+l}{r-l} & 0 \\ 0 & \dfrac{2n}{t-b} & \dfrac{t+b}{t-b} & 0 \\ 0 & 0 & -\dfrac{f+n}{f-n} & -\dfrac{2nf}{f-n} \\ 0 & 0 & -1 & 0 \end{bmatrix}\mathrm{P}$$

図 5-20　透視投象変換

して入力する。視錐台が立方体に変換された座標 P0 の x, y, z 座標を平行投象すれば，透視投象した結果と同じになる。このとき z 座標として奥行き情報が残るため，カメラから見て最も手前にある面のみを表示する「隠面消去処理」に利用することができる。

3D-CG の透視投象変換には各頂点の行列計算を同時並行で行う専用のプロセッサ GPU が使われる。近年，GPU の性能は飛躍的に向上し，数千万の頂点でもリアルタイムで処理することができるようになっている。

5.3　モデリング

3D-CG の立体形状モデルを制作する工程はモデリングと呼ばれる。モデリングを行うためのソフトウェアにはさまざまな種類があり，操作方法もソフトウェアによって異なっている。以下では，一般的に知られているモデリング手法を取り上げて，その特徴を解説する。

5.3.1　ポリゴン単位のモデリング

ポリゴンを構成する頂点，稜線，面の単位で立体形状を編集する方法が最もシンプルなモデリングである。このようなポリゴン単位のモデリングは最初にプリミティブな立体形状（たとえば，平面，直方体，円柱，球など）を作成して，新しい頂点，稜線，面を追加したり，移動させたりしながら，目的の形状に近づけていく。ポリゴンを加工するために，面の「押し出し」「オフセット」などの機能がよく使われる（図 5-21）。それ以外にも，「面どうしの接続」や「面取り」などの機能も使われる。

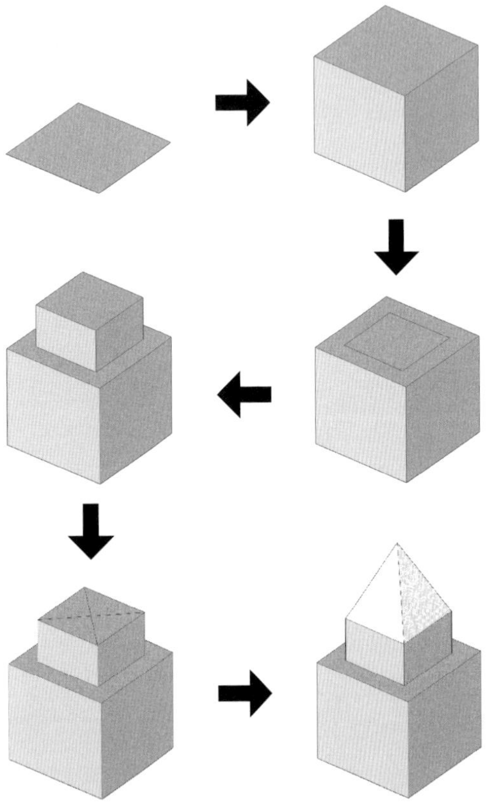

図 5-21　ポリゴン単位のモデリング

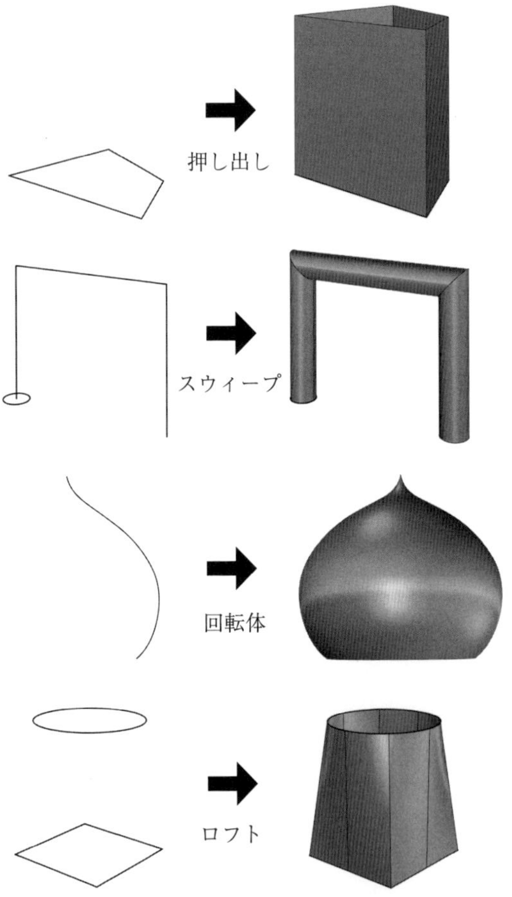

図 5-22　線から曲面の生成

5.3.2 線から曲面の作成

曲面をモデリングする方法の1つとして，面を構成する線（母線や導線）を元にする方法がある。多くのソフトウェアは線から曲面を生成するコマンドが用意されており，以下に代表的なコマンドを示す（図5-22）。

(1) 押し出し（Extrude）：曲線（母線）を垂直方向に引き伸ばす。
(2) スウィープ（Sweep）：曲線（母線）をパス（導線）に沿って引き伸ばす。
(3) 回転体（Revolove）：曲線（母線）に対してある軸を中心に回転させてスイープする。
(4) ロフト（Loft）：ある曲線（母線1）をパス（導線）に沿って別の曲線（母線2）に変形させながら引き伸ばす。

ソフトウェアによってはコマンド名が異なるケースもある。

5.3.3 変形

立体形状をジャングルジムのような3次元格子で囲み，格子上の頂点を動かすことで，立体形状全体を変形させるモデリング手法もよく用いられる。ポリゴンで構成された複雑な形状に対して少ない制御点で滑らかに変形させることができるため，有機的な形状をモデリングするのに有効である。代表的な変形として，「テーパー」「ベンド」「ノイズ」「ツイスト」「フリーフォームデフォメーション（FFD）」などがある（図5-23）。

特に「ツイスト」は，立体形状全体をねじることができるものである。ねじる操作によって，数式は使わずにポリゴン単位で「ねじれ面」をモデリングすることができる。図5-24は上から，平面の片側の稜線をねじってできる「双曲放物面」，円錐の上面（または底面）をねじってできる「一葉双曲面」，平面の片側を螺旋状にねじってできる「らせん面」を示している。

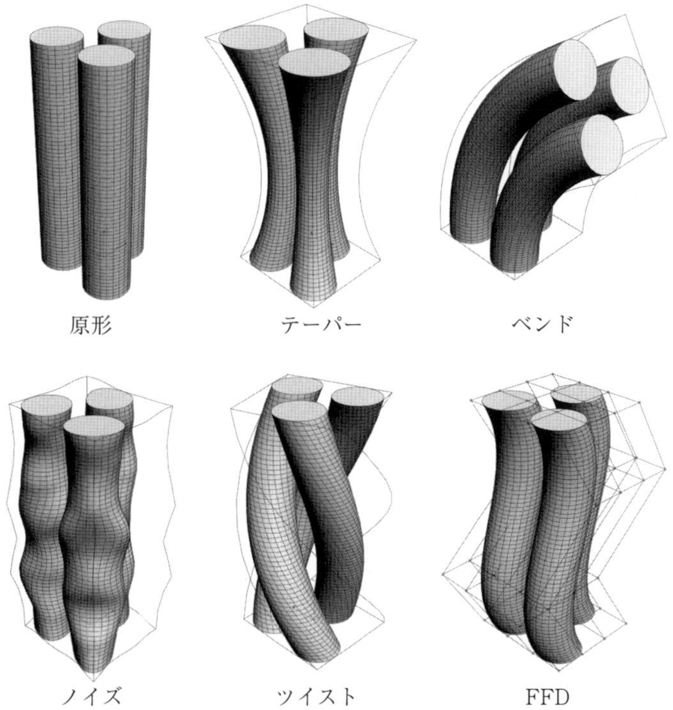

図5-23 変形

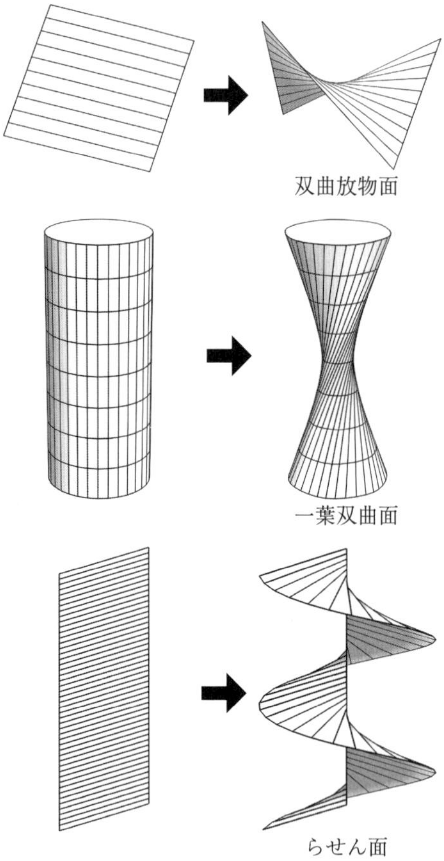

図5-24　ねじれ面のモデリング

5.3.4　ブーリアン演算

ブーリアン演算は，複数の立体形状を和，差，積といった集合演算によって合成することで立体形状を作る手法である。たとえば，積集合であれば2つの形状の共通する形状を生成し，差集合であれば一方の形状から他方の形状を取り除いた形状を生成する（図5-25）。集合演算はソリッドモデルが必要となるが，サーフェスモデルでもソリッドモデルとみなして計算が行われる。

5.3.5　サブディビジョンサーフェス

サブディビジョンサーフェスとは，粗い形状のポリゴンを再分割して滑らかな曲面を生成する手法である。少ない代表点のみでポリゴンモ

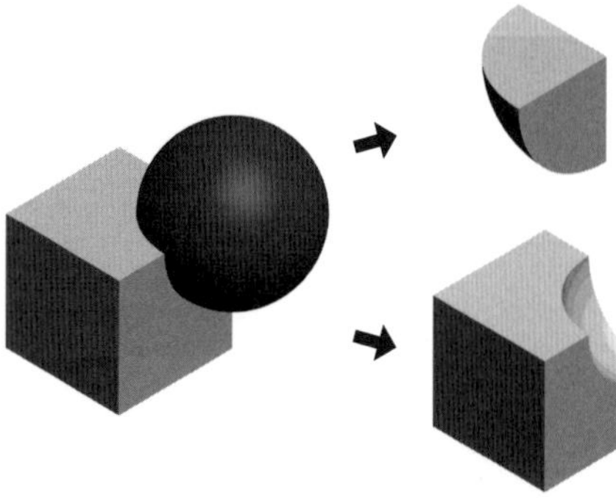

図5-25　ブーリアン演算の例

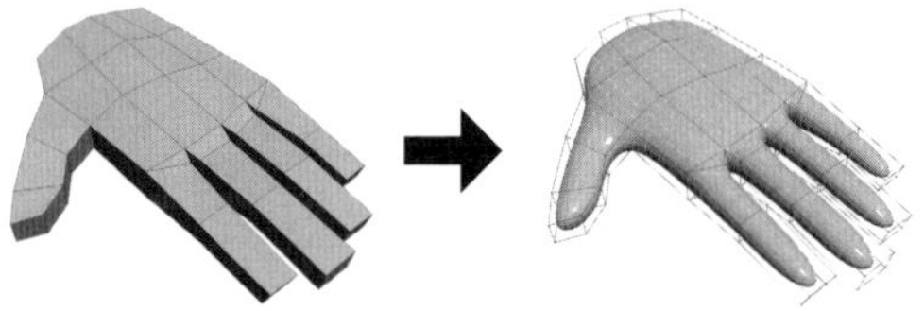

図5-26　サブディビジョンサーフェスの例

デリングを行うことによって編集が容易となり，そこから滑らかな曲面を自動的に生成できるので，多くのソフトウェアで曲面のモデリング手法として取り入れられている（図5-26）。

5.3.6　スカルプティング

立体を彫刻（スカルプト）するような感覚で立体形状を造形できるソフトウェアがある（図5-27）。

このようなスカルプトツールはより直感的に形を作っていける機能を有しており，モデルを構成するポリゴンを気にすることなく造形作業に集中できるようなインタフェースの工夫がな

図5-27　スカルプティングの例

されている。筆圧感知機能のあるペンタブレットを用いて造形できるものもある。

一方でポリゴン数が膨大になる傾向にあるため，リトポロジーや法線マッピングの機能を併せて用いることが多い。リトポロジーはポリゴン数を削減する機能であり，法線マッピング（5.3.9項）は凹凸情報を保存する機能である。

5.3.7 テクスチャマッピング

立体形状モデルの表面が複雑な模様の材質（たとえば，木目，レンガ，布，岩肌など）である場合，微細な凹凸をモデリングすることは，その作業量とコンピュータが扱えるデータ量の観点から，あまり現実的ではない。3D-CGではこのような肌理（テクスチャ）の細かい色彩や質感を表現するため「テクスチャマッピング」と呼ばれる手法が主に用いられる。

マッピングとは，立体形状モデルの表面に2次元の画像データを貼り付けることをいう。画像の画素ごとにベースカラー（拡散反射光，アルベドと呼ばれることもある）を設定することで，物体表面のテクスチャを細かく再現できる。マッピングにはベースカラーの設定以外にも，立体表面の凹凸情報を設定する「法線マッピング」，立体表面の反射率を設定する「光沢（グロス）マッピング」などがある。

5.3.8 テクスチャ座標

2次元の画像を立体形状モデルの表面にマッピングするときの位置や方向，大きさなどを指定するために，テクスチャ座標というマッピング用の座標系が用いられる。テクスチャ座標は2次元の直交座標で，3次元のx, y, z座標と区別して，横方向をu軸，縦方向をv軸で表す（uv座標ともいう）。立体形状モデルの各頂点に対し，3次元の位置座標に加え，テクスチャ座標を設定することで，立体形状モデルに対して画像を任意にマッピングすることができる

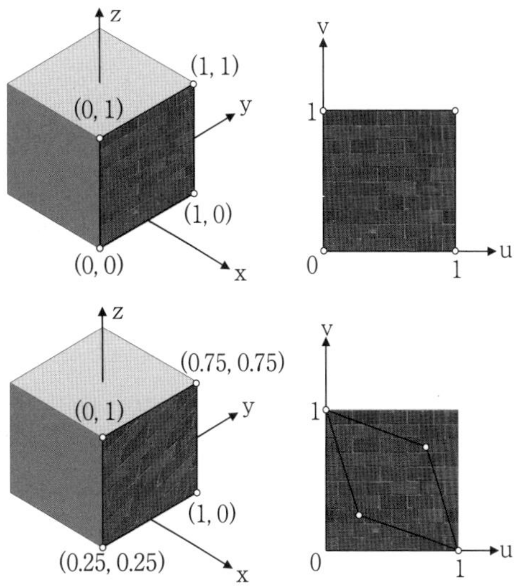

図5-28　テクスチャ座標の設定例

（図5-28）。

5.3.9 法線マッピング

マッピングに使うビットマップ画像は画素ごとにRGBカラーとして赤緑青の階調データをもつ。この（R, G, B）の3つの値を，法線ベクトルの（x, y, z）成分として利用する方法を「法線マッピング」という。シェーディング計算に，立体形状の面法線ではなく法線マッピングを使

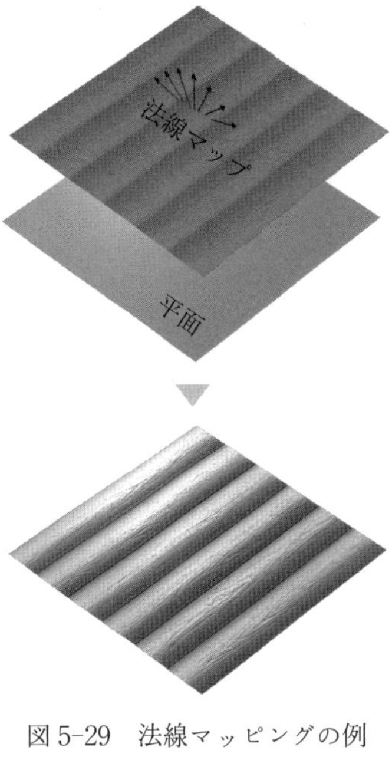

図5-29　法線マッピングの例

うことで，表面に細かい凹凸があるような擬似的な陰影表現が可能になる（図5-29）。

法線マッピングの使い方としては，細かいディテールまでモデリングされた高精細の立体形状モデルから法線マッピング用の画像を生成したうえで，ディテールを落とした立体形状モデルに適用する。こうすることで立体形状モデルのデータ量を削減しながら，見た目のディテールはあまり変化しないような表現が可能になる。

同様の手法として，法線ベクトルの代わりに，立体表面の凹凸の高低をグレースケールの値で表したものを「バンプマッピング」と呼ぶ。

5.4　レンダリング

3次元の立体形状データから投象や陰影の処理を行い2次元の画像を生成する工程はレンダリングと呼ばれる。3D-CGにおいて目標とするレンダリング品質の1つは，写真のようなフォトリアルな画像を作ることであり，そのためにさまざまな手法が考案されてきた。現在では，レンダリングに処理時間をかければ写真と区別がつかないような画像を生成できるようになっている。

フォトリアルなレンダリング手法として代表的なものが「レイトレーシング法」である。欠点として，レイトレーシングは処理時間が長くなる傾向がある。ユーザーの操作に対して即座（リアルタイム）に反応してレンダリングする必要がある用途には不向きである。

一方，高速なレンダリング手法として「ラスタライズ法」がある。ラスタライズ法は，3D-CAD/CGソフトウェア上のモデリング操作やビデオゲーム，VR等のリアルタイムレンダリングを前提としたソフトウェアに適している。

5.4.1　レイトレーシング法

レイトレーシング法では，まず3次元空間内に仮想的な視点と投象面を設定する。次に視点から投象面上の1つの画素（ピクセル）に向かって直線を伸ばす。これを「レイ（光線）を飛ばす」と表現する。レイが3D-CG空間内に配置された立体と交差した場合，その立体の表面色でその画素を塗る（図5-30）。投象面上のすべての画素に対してレイを飛ばし，画素の色が求まれば，3D-CG空間の透視投象が表現された画像が得られる。

レイトレーシング法によってフォトリアルな画像を生成するためには，立体の表面の色を決定する過程で，光源（ライティング）や表面の材質情報（反射率，透過率，屈折率など）を元に陰影計算（シェーディングおよびシャドウイ

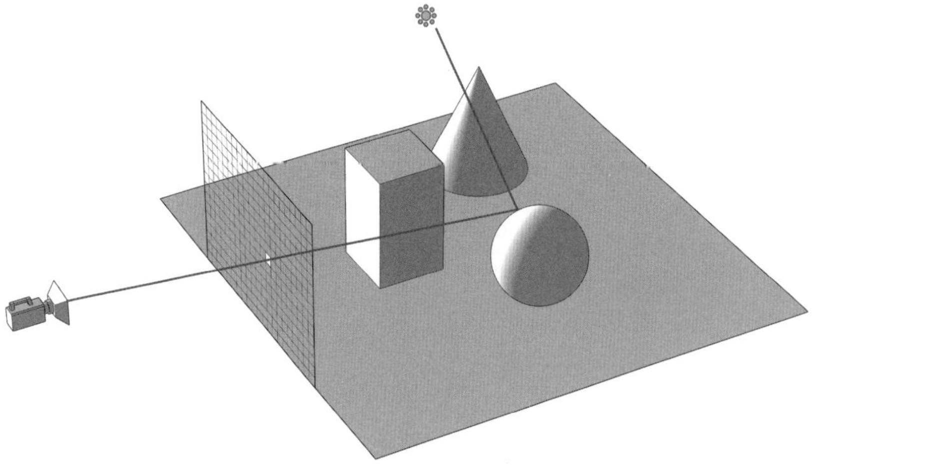

図5-30　レイトレーシング法のイメージ

ング）を行う（5.4.4 項〜5.4.9 項参照）。立体形状モデルに入射する光源の情報を収集するには，レイが立体と交差したとき，反射，透過，屈折するようにさらに複数のレイを飛ばす。それぞれのレイはその後も反射，透過，屈折を繰り返し，最終的に光源に辿り着くまでトレース（追跡）して，分岐したすべてのレイの情報を統合して画素の色を決定する。

レイトレーシングの原理を現実の写真撮影と比較すると，実空間では光源から出た光が反射，屈折を繰り返したあと，カメラ内部に届いて撮像面で結像するのに対し，レイトレーシングは視点から投象面にレイを飛ばし，実世界の光の向きとは逆方向を辿って，画素の色を決定していく。レイトレーシング法は日本語にすると「光線追跡法」と呼ばれる。

レイトレーシングの問題は，レイが立体と交差するごとに再帰的に反射，透過，屈折を繰り返していくことで，非常に計算負荷が高くなることである。特に写真と区別がつかないようなフォトリアルな表現を目指すと 1 枚の画像を作るのに数時間かかることもある。

その一方で，3D-CG 処理に最適化されたプロセッサ（GPU）も劇的に進化しており，GPU 上でリアルタイム処理を可能とするレイトレーシングも実現しつつある。特に，レイの数が十分でないとレンダリング結果の画像にノイズが生じるが，それを AI 技術と組み合わせてノイズを除去することで実用化が進んでいる。

5.4.2 ラスタライズ法

ラスタライズ法は，ポリゴンモデルを投象してポリゴン単位で画素色を計算していく処理（ラスタライズ）をいう。現行の GPU はラスタライズ法を前提とした設計になっており，高速に処理することができる。

投象部分では，5.2.5 項で解説した行列による透視投象変換が行われ，各頂点の 3 次元座標が 2 次元のピクセル座標に変換される。そこから塗りつぶす画素の色を決定するのに，ポリゴンまたは画素単位で陰影計算（5.4.4 項〜5.4.15 項参照）が行われるが，レイトレーシングと比較すると原理的に精度は低くなる。

ラスタライズ処理では，複数のポリゴンが重なって投象された場合に，手前にあるポリゴンを表示して，後ろのポリゴンを隠して見せない処理が必要になる。この処理は隠面消去と呼ばれ，代表的な手法にスキャンライン法，Z バッファ法がある。

スキャンライン法は，画面のスキャンライン（走査線）単位で行う方法である。視点とスキャンラインを含む平面と，ポリゴンとの交線（スキャンセグメント）を求め，視点から距離が近いスキャンセグメントを描画することで隠面

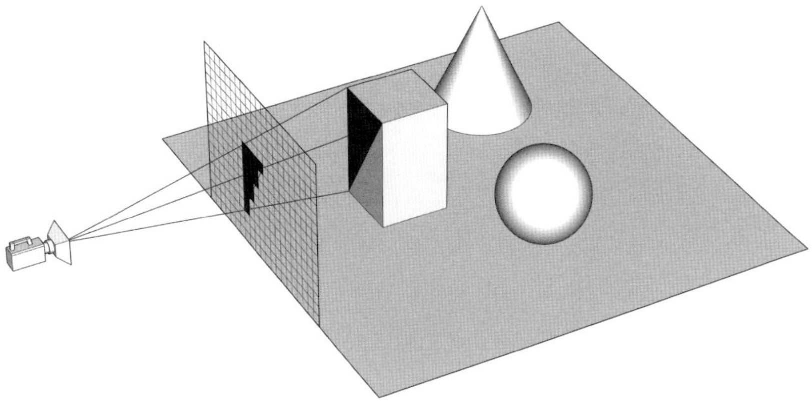

図 5-31 ラスタライズ法のイメージ

消去を行うものである。

Zバッファ法は，画面（フレームバッファ）と同じ大きさのZバッファという記憶領域を使って各画素の深度情報（視点から可視面までの奥行距離）を保存する。ポリゴンを描画する際は，画素ごとに保存されているZバッファの深度値と比較して，それよりも深度が小さい画素はポリゴンの色で塗りつぶし，Zバッファの深度値を更新する。その結果，すべてのポリゴンを描画し終わると，最も手前にあるポリゴンのみが描画されていることになる。

リアルタイムレンダリングではZバッファ法が主流となっているが，半透明のポリゴンを描画する場合は，Zバッファだけでは描画する順序によって適切に表示されないため，別途処理する必要が生じる。

なお，レイトレーシング法では，レイと最初に交差する面を可視面として描画するため，隠面消去のための特別な処理は不要である。

5.4.3　ライティング

レンダリングの過程で行われる立体の表面色の計算に光の物理現象をモデル化することでフォトリアルな表現が可能になる。

ライティングは，3D-CG空間内に太陽光や人工照明などの光源を設定して照明計算を行う処理である。一般的な光源モデルは，強度，色，位置，方向などの諸特性を設定する。強度と色は光の三原色である赤緑青（RGB）の割合で設定することが多いが，正確に物理現象を再現するために測光値や色温度を設定できるソフトウェアもある。また，光源の位置，方向の設定では，太陽光のような平行光線なのか点光源による発散光線なのかを設定したり，さらにスポットライトなどの配光特性や減衰率なども細かく設定したりすることで，照明器具をシミュレーションすることができる。

図5-32は光源の種類（平行光源，点光源，面光源，スカイライト）によるライティング結果の違いを示している。特徴として，面光源は光源が面積をもつため，平行光源や点光源と比較して影の輪郭がぼやけている。

スカイライトは，半球の内側にシーンを取り囲む空や周囲の景色を写した画像をマッピングし，光源として利用する。あらゆる方向から，少しずつ色や光量がちがう光を照射させること

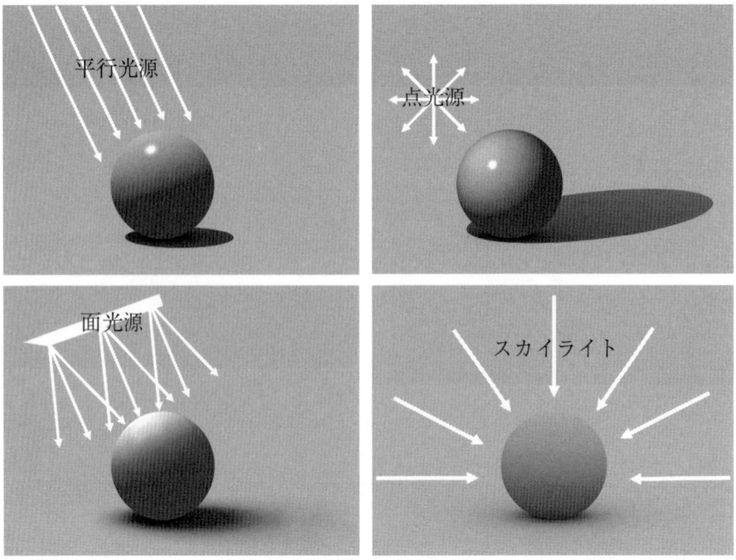

図5-32　各種ライティング

で，微妙なトーンや空気感を生み出せる。

光源情報に画像を用いることはイメージベースドライティング（IBL）と呼ばれ，その画像には高い輝度比に対応したハイダイナミックレンジイメージ（HDRI）と呼ばれる写真画像を使うことが多い。その画像をそのまま背景に使うと実写とCGの合成をより自然に行うことができるため，IBLは映画やビデオゲームのCGによく使われる技法となっている（図5-33）。

図5-33　イメージベースドライティング

5.4.4　シェーディング

ライティングされた立体形状モデルの色を決定するためには，その表面の反射特性を考慮して計算する必要がある。この工程をシェーディングと呼ぶ。たとえば，同じ立体でも光が当たる向きにより，表面の輝度は変化する。また，光が直接当たらない部分は陰になるが，周囲からの間接光によって真っ黒にはならない。このようなシェーディングを処理するために，立体の表面で光がどのように反射するかが定式化されており，これまでさまざまな反射モデルが提案されている。

5.4.5　反射モデル

シェーディングのための反射モデルの多くは「拡散反射」と「鏡面反射」の2種類の反射を扱う（図5-34上）。

「拡散反射」は表面がざらざらした粗い物体に光が入射したとき，あらゆる方向に光が拡散して反射する現象をいう。たとえば，石膏や紙のように光沢のない物体の表面は，細かい凹凸があり拡散反射が起こる。完全拡散反射している部分は，どの方向から見ても輝度が変化しないのが特徴である。

拡散反射の計算には，ランバートの余弦則（Lambert's cosine law）がよく用いられる。この法則は，面から放出される光の強度が，入射光の向きと面の向き（法線）との間の角度θの余弦と正比例するというものである。この法則が用いられるのは，図5-34の下図のように面の向きによって入射する光量が変化するためで

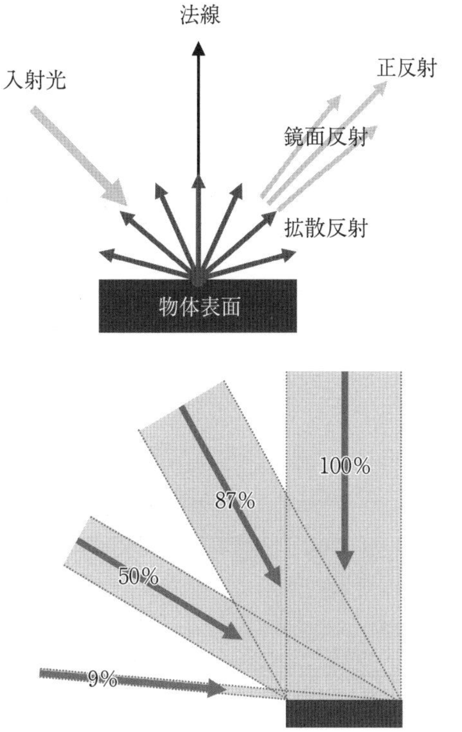

図5-34　反射モデルの例

ある。

もう一方の「鏡面反射」は，表面がつるつるとした滑らかな物体に光が入射し，正反射方向に光が強く反射する現象をいう。たとえば，プラスチックや金属のような物体の表面に光が当たると，鏡のような正反射はしないが，正反射方向から少し逸れても，明るく光る部分が表面に現れる。その部分はハイライトと呼ばれ，ハイライトの位置は視点の位置によって変化するのが特徴である（図5-35上段と中段）。計算方法としては，ブリンのモデルやクック・トランスのモデルが知られている。これらのモデルは，入射角と等しい角からの角度のずれが大きくなるに従って，反射光の強さが急激に減衰する現象を数式化したものである。

より正確に鏡面反射を計算しようとすると，光源が写り込んだハイライト以外に，周囲の環境の写り込みを計算する必要がある。このような反射は，レイトレーシング法を用いることで正確に計算ができる（図5-35下図）。

一方，ラスタライズ法では，環境マッピングと呼ばれる擬似的な手法が多く用いられている。環境マッピングは，まず，空間内のある一点に視点を置いて，周囲の環境をパノラマ画像として保存しておく。次に，立体形状モデルをレンダリングするとき，その周囲にパノラマ画像（環境マップという）があると想定し，視線が物体表面で反射する方向の先にある環境マップの色を鏡面反射色としてシェーディング計算に用いる。

図5-36は，立方体の中心に視点を置き，立方体の6面を画面にしてレンダリングした360度画像であり，キューブ環境マップと呼ばれる。ただし，キューブ環境マップは，空間内のある点から見た場合の写り込みのため，立体形状によって正確な写り込みにはならない。しかしな

鏡面反射によるハイライト

視点の移動によるハイライトの位置の変化

レイトレーシングによる写り込み

図5-35　反射モデル

キューブ環境マップ

図5-36　環境マッピング

がら，波立った水面や，車のボディのように写り込む像が歪んでいるときは，その不正確さは目立たないのでよく用いられる手法となる。

5.4.6　物理ベースシェーディング

3D-CG の黎明期はコンピュータの計算能力が低かったという問題があり，シェーディングの処理では限られた計算量でフォトリアルに見えるような工夫やパラメータの調整が行われてきた。その結果，従来のシェーディングでは拡散反射と鏡面反射を別々に計算していたため，入射光よりも反射光が明るくなるような設定が可能なものも多かった。しかし，物体表面に入射した光が反射するとき，物理的には入射したエネルギー以上のエネルギーが反射することはない。

近年普及している物理ベースシェーディングと呼ばれる手法は，より物理的に正しい光学現象のモデル化を目指すもので，現時点で完全に正確な再現は難しいものの，上記のような入射光と反射光のエネルギーの保存は考慮されているという特徴がある。つまり，拡散反射が強ければ，そのぶん鏡面反射が弱くなるような計算になる。

物理ベースシェーディングのメリットは，光源の種類が変わっても説得力のあるフォトリアルな表現に近づくことがある。また，現実に近い物理特性でパラメータ化されているため，従来は経験則で扱われていた材質のパラメータ入力が容易になることも挙げられる。

5.4.7　フラットシェーディング

シェーディング計算をポリゴン単位で行う手法をフラットシェーディングと呼ぶ。フラットシェーディングだとポリゴン間の輝度の変化が滑らかでないため，曲面のように滑らかな表面をもつ物体の場合，近似したポリゴン形状が目立つようになる（図 5-37）。

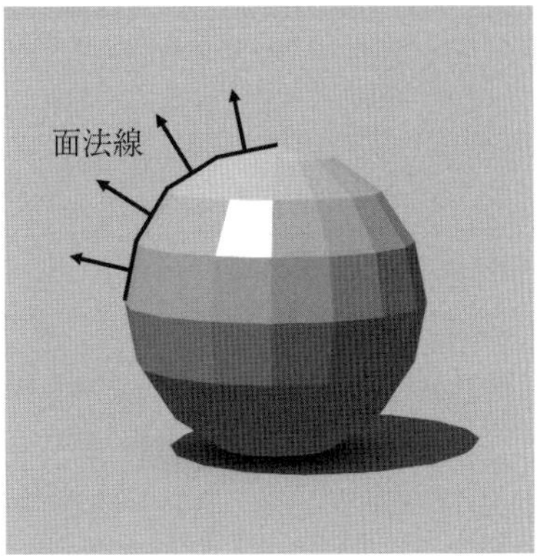

図 5-37　フラットシェーディング

5.4.8　スムーズシェーディング

フラットシェーディングに対し，1 つのポリゴン上の輝度を近似的に滑らかな明るさにする手法をスムーズシェーディングと呼ぶ。この方法は，隣接するポリゴンの面方向から頂点単位で曲面の法線方向を近似し，頂点での輝度または法線を利用して，ポリゴン上の各画素の輝度を補間により滑らかに変化させる（図 5-38）。

頂点単位で輝度を計算し，その間のピクセルの輝度を線形補間する「グーローシェーディング」と，頂点の法線からその間のピクセルの法線を線形補間してピクセル単位で輝度を計算する「フォンシェーディング」が代表的な手法である。

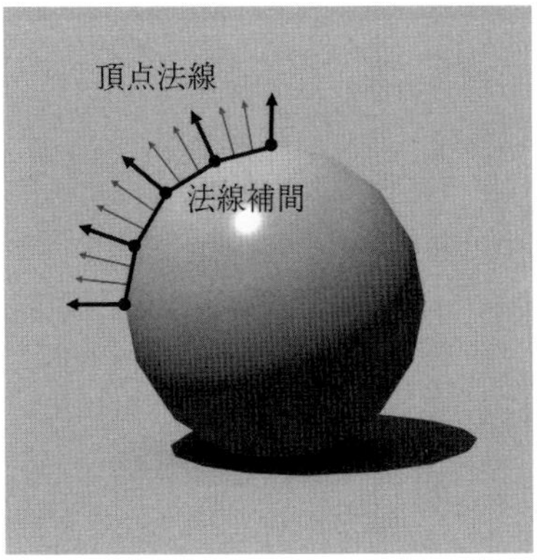

図 5-38　スムーズシェーディング

5.4.9　シャドウイング

ある立体の陰影計算において，他の立体により光が遮られた領域には影（shadow）ができる。この影の計算をシャドウイングと呼ぶ。

レイトレーシング法の場合，レイを辿ることで視点から見える立体表面と光源との間に遮蔽物があるかどうかを判定できるため，正確な影の形状を求めることができる。一方，ラスタライズ法は，その計算過程にシャドウイングが考慮されていないため，影を生成するための処理を追加する必要がある。代表的なものとしてシャドウマップという技法がある。

シャドウマップでは，光源の位置に視点を置いて立体の影形状が生成される。これは3D-CG空間に設定された視点（カメラ）位置で立体の透視投象を生成する前段階で行われる。影情報としてZバッファを使うと光源から可視面までの距離（深度）が画素ごとに保存できる。この深度付きの画像がシャドウマップと呼ばれる。

次に，本来の視点位置で立体の透視投象を生成する段階では，影が落ちる可能性のある立体に対して画素単位で光源までの距離を計算する。その距離がシャドウマップの深度値を比較して長ければ，物体と光源との間に遮蔽物が存在して影が落ちることになる（図5-39）。

レイトレーシングと比較してシャドウマップによるシャドウイングは複雑な計算のように見えるが，その過程で行われるラスタライズの処理や画像（テクスチャ）どうしの比較演算でGPUによる並列計算が可能なため，シャドウイングはレイトレーシングよりも高速に処理できる。ただし，シャドウマップに使う画像の解像度が低いと，影の輪郭がギザギザに見えてしまうため，目立たなくするさまざまな工夫も行われている。

5.4.10　アンビエント

シェーディングおよびシャドウイングによって，直接光が当たらない面を判別することができるが，光が当たらない面を黒く塗りつぶすと，立体が何もない宇宙空間に浮かんでいるような表現になってしまう。立体が地球上にあるとき，光は大気によって散乱を繰り返すし，地面や他の物体との相互反射を繰り返した結果，直接光が当たらない面にも間接的に光が当たる状態になる。

このような間接光の経路の計算は非常に複雑なため，特にリアルタイムレンダリングが要求される場面においては，陰影が生じる面に一様な明るさで方向のない環境光（アンビエントラ

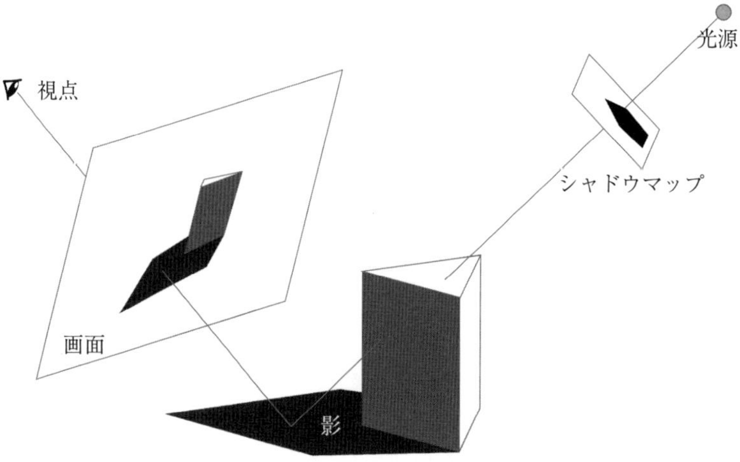

図5-39　シャドウマップ

イト）が当たっているとして簡易的に計算することが行われてきた。これをアンビエントという。

しかしながら，アンビエントとして一様の明るさで面を塗ると，いかにも昔のCGのような表現になってしまう。そのため，方向による環境光の分布をパノラマ画像として保存した「イメージベースドライティング」が現在では用いられる。

さらに，周囲の状況を考慮して環境光のライティングを行うのが「アンビエントオクルージョン（AO）」である。オクルージョンとは遮蔽の意味で，物体表面のある点において，どのくらい周囲が遮蔽されているかを計算する。その遮蔽の度合い（遮蔽項という）に応じて環境光の強さを変化させることで高品質なレンダリング結果が得られる（図5-40）。遮蔽項の計算は，物体表面の各点から局所的にレイトレーシングする手法が使われる。

一方，リアルタイムレンダリングの分野ではレイトレーシングの計算負荷が高いため，Zバッファの画面の奥行き情報を使って擬似的に計算する方法がとられ，この方法を「スクリーンスペースアンビエントオクルージョン（SSAO）」という。

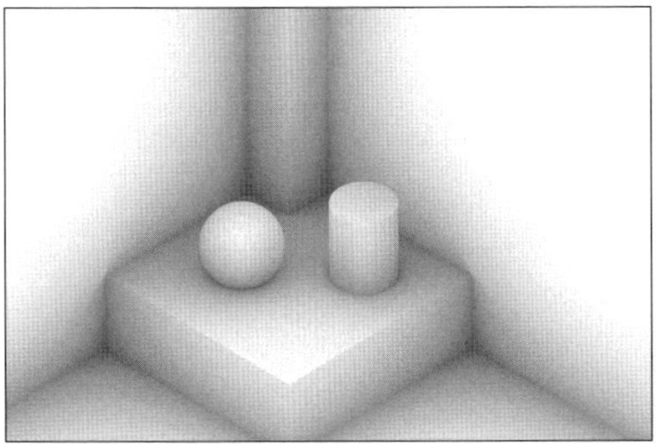

図5-40　アンビエントオクルージョン

5.4.11　グローバルイルミネーション

前項のアンビエントオクルージョンは周囲の遮蔽状況だけで間接光までは計算していない。レンダリング時の間接光を考慮したライティングの計算は「グローバルイルミネーション（Global Illumination：GI）」と呼ばれる。グローバルイルミネーションによって，よりフォトリアルな表現が可能となり，たとえば物体の反射面の色が隣接する物体の表面色に影響するようなカラーブリーディングと呼ばれる複雑な光学現象が再現される（図5-41）。

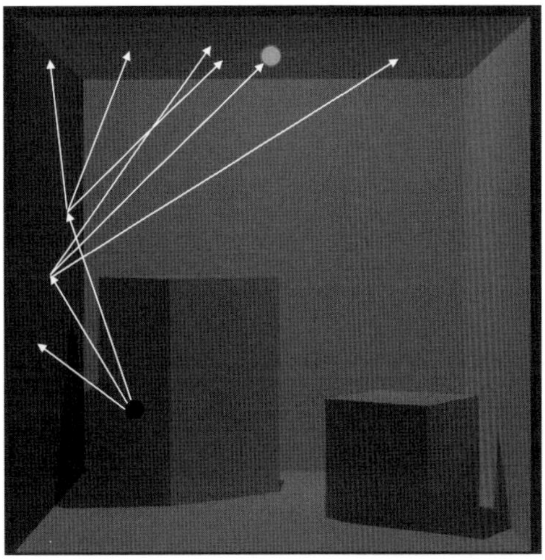

図5-41　グローバルイルミネーション

グローバルイルミネーションは，物体表面間で光が反射を繰り返す再帰的な処理になって，コンピュータによる積分計算が必要になる。この解法には，立体の表面をメッシュで分割して離散化する「ラジオシティ法」や，確率論を用いて積分計算を行う「モンテカルロ法」などがある。モンテカルロ法として開発されている代表的なアルゴリズムには「パストレーシング法」と「フォトンマッピング法」がある。

(a) ラジオシティ法

「ラジオシティ法」は，熱工学や照明工学の分野で研究されていた放射伝達理論をもとに，立体のサーフェスを細かいメッシュに分割し，各メッシュ間の放射発散度（ラジオシティ）の授受を計算する方法である。ラジオシティによる間接光の計算によって，輪郭のぼやけた影やカラーブリーディングが再現でき，それらはフォトリアルな表現として効果がある。また，物体の表面が完全拡散面で構成されていることを前提としており，視点の位置を変えてレンダリングする場合でも，ラジオシティを再計算する必要がない。

(b) パストレーシング法

「パストレーシング法」は，レイトレーシング法にモンテカルロ的な確率計算を取り入れたレンダリングアルゴリズムである。一般的なレイトレーシング法は鏡面反射のみを再帰的にトレースするため，拡散反射面におけるレイのトレースは行わないのに対し，パストレーシングは拡散反射面の相互反射を考慮する。

しかし，拡散反射面でレイを分岐させるとレイの数が爆発的に増加してしまう。そこで，レイは分岐させずに確率的に反射方向を決めて１本のレイで追跡する（図 5-42）。そして１ピクセルに対して複数のレイを飛ばすことで，レイの経路をランダムに構築し，それらの寄与の総和を求める。

このようなモンテカルロ的な計算により，指定した回数で処理を打ち切ることができる。その結果，指数関数的な計算量の増加を避けながら，統計的な期待値は真値となる推定値を得ることができる。

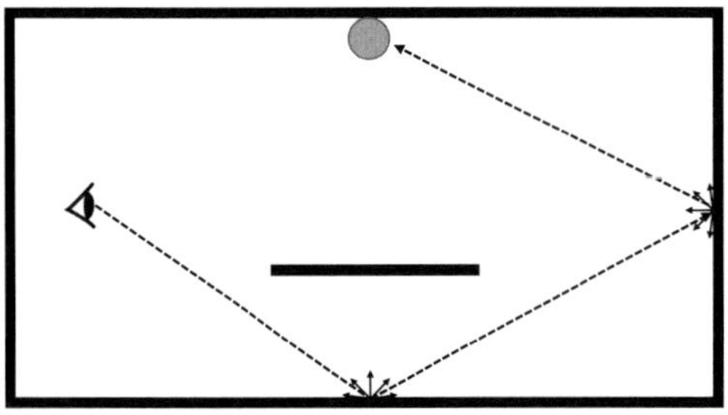

図 5-42　パストレーシング法

(c) フォトンマッピング

「フォトンマッピング」は，光の最も小さい単位を「光子（フォトン）」と呼んで，光源から放出されたフォトンの分布をフォトンマップと呼ばれるデータベースに保存する方法である。フォトンは拡散反射面に到達すると，フォトンの位置，エネルギー，入射方向をフォトンマップとして記録する（図 5-42）。

パストレーシング同様，フォトンが反射するたびに，確率的に反射方向を決める。レンダリング時はこのフォトンマップを参照し，ある点の周りにあるフォトンを集めて明るさを推定する。

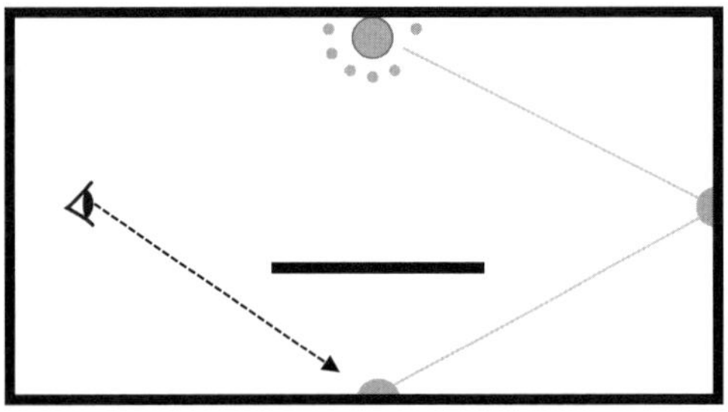

図 5-43　フォトンマッピング法

(d) グローバルイルミネーションの事前計算

モンテカルロ的な手法でもグローバルイルミネーションをリアルタイムで計算するのは現時点で難しい。そのため，事前に時間をかけてグローバルイルミネーションを計算しておき，その結果を「ライトマップ」という画像形式で保存し，立体形状モデルに貼り付ける方法がある。

ライトマップは一度計算すれば非常に処理が軽いため，リアルタイムレンダリングが可能になる。欠点として動かない物体にしか適用ができないことがある。

それに対して，3D-CG 空間内の各地点におけるグローバルイルミネーションを事前に計算しておき，その情報を「ライトプローブ」という形で CG 空間内に保存しておく方法がある。3D-CG 空間内を動く物体に対しては，近接しているライトプローブの情報を使ってライティング計算を行う。大量にライトプローブを配置するとデータ量が膨大になるが，そのデータを圧縮するため球面調和関数と呼ばれる関数を利用してデータ量を大幅に削減することができる。

5.5　バーチャルリアリティ（VR）空間

VR とは「みかけや形は原物そのものではないが，本質的あるいは効果としては現実であり原物である」と定義されている。最先端の CG 技術によってフォトリアルな 3D-CG 空間は再現できるが，視覚的に実空間と同等の体験を得るために重要になるのが，VR の基本要素の 1 つといわれる原寸大の 3 次元空間である。このような VR 空間を生み出すため，人間の視野全体を覆うことができるディスプレイが利用されている。

5.5.1　ディスプレイと画角

3D-CG 空間はデジタル画像としてディスプレイ装置に表示される。透視投象の場合，ディスプレイを窓に見立てて，人がその奥に広がる仮想的な空間を眺めている状態になる。それを歪みのない原寸大の図で眺めるためには，3D-CG 空間に設定した視点と投象面との位置関係を，実空間における視点とディスプレイの位置関係に合わせる必要がある。

たとえば，40 インチ（横幅 88.39 cm，縦幅 49.78 cm）のディスプレイを 1.5 メートル離れた位置から眺めるとき，水平画角は約 32.8 度（焦点距離 約 61 mm）になる（図 5-44）。同じ画角を 3D-CG 空間にも設定することで画像の歪みはなくなるが，やや望遠気味で視野角の狭い図になり，歪みなく画角を広げるためには，大きなディスプレイが必要になる。

一方で従来の 3D-CG による映像表現において設定される画角は，原寸大で表示するためというよりも，カメラのレンズ特性に応じた実写映像の撮影技法が応用されている場合が多い。

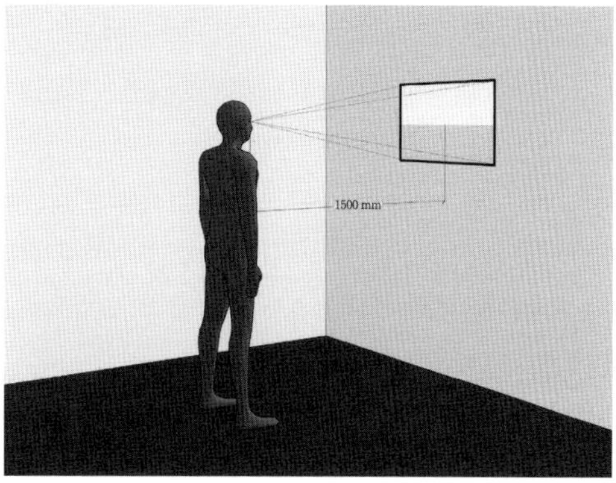

図 5-44　ディスプレイと画角

5.5.2　広視野ディスプレイ

人間の視野全体を覆うディスプレイに広い画角の透視投象を表示すれば，原寸大で歪みのない VR 空間をユーザーに提示することができ，その結果，実空間に似た没入体験が可能となる。このような広視野ディスプレイとして普及している装置には，多面体スクリーン型のディスプレイや，頭部にディスプレイを載せて両目の前に画面を配置したヘッドマウントディスプレイ（HMD）がある。さらに，視点位置のトラッキングや両眼立体視といった VR 技術を用いることで没入感の高い VR 空間を構築できる。

(a)　多面体スクリーン型ディスプレイ

人間の視野全体をディスプレイによって覆うため，複数のディスプレイを用いる手法として多面体スクリーン型ディスプレイがある。ユーザーの周囲にスクリーンを配置し，スクリーン後方からプロジェクターで映像を投影するタイプが多く，ユーザーの前面，左右，床面の 4 面に映像が投象されるものは CAVE と呼ばれる（図 5-45）。

3D-CG 空間にはディスプレイに対応する複数の投象面を設定して，それぞれに透視投象を表示する。このとき実際のユーザーの視点が CG 空間の視点と一致していないと，スクリーンとスクリーンの継ぎ目で直線が不連続に折れ

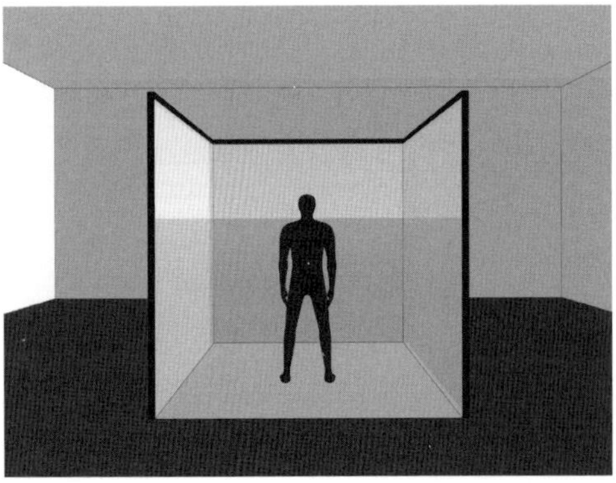

図5-45　多面体スクリーン型ディスプレイ

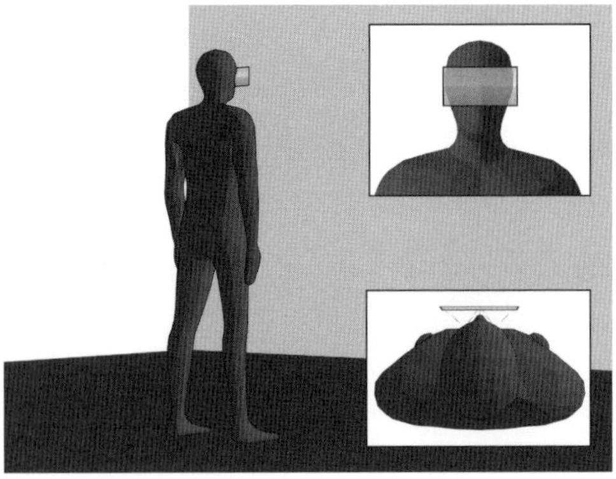

図5-46　ヘッドマウントディスプレイ

曲がって見えるなどの歪みが生じる。そのため，ユーザーの視点位置をトラッキングするセンサーと組み合わせる。また，ユーザーが特殊なメガネを装着して，右目と左目で別々の透視投象を見る両眼立体視に対応させたものが多い（5.5.3項参照）。

多面体スクリーン型ディスプレイで正確な透視投象が見える視点は実空間内で一箇所しかないが，その近くであればあまり違和感がなく映像を鑑賞できるため，この手法では複数人の3D-CG空間体験も可能である。

(b) ヘッドマウントディスプレイ（HMD）

人間の視野全体をディスプレイによって覆うため，ディスプレイを大きくする方法以外に，目にディスプレイを近づける方法もある。ヘッドマウントディスプレイ（HMD）は，5～6インチのディスプレイを両目に近づけることで視野角を広げる（図5-46）。通常，目の前10 cm以内にディスプレイを置くと目の焦点を画面に合わすことが困難となる。そのためHMDでは接眼レンズを通して画面を見る。このとき右目と左目それぞれを視点位置に設定した透視投象をディスプレイ左右に提示し，右目には右目用の画像，左目には左目用の画像を見せることで，両眼視差による立体視映像を提示できる（5.5.3項参照）。

接眼レンズに拡大光学系を用いることで，さらに画面を大きく見せて，視野角を広げることができる。しかし，拡大光学系を用いると「糸巻き型の歪曲」が起こる。歪みを抑えるレンズは機構が複雑で高価となるため，最近のHMDは出力する画像のほうに糸巻き型の歪曲とは逆の「たる型の歪曲」を加えて，歪みを打ち消す工夫がされている（図5-47）。

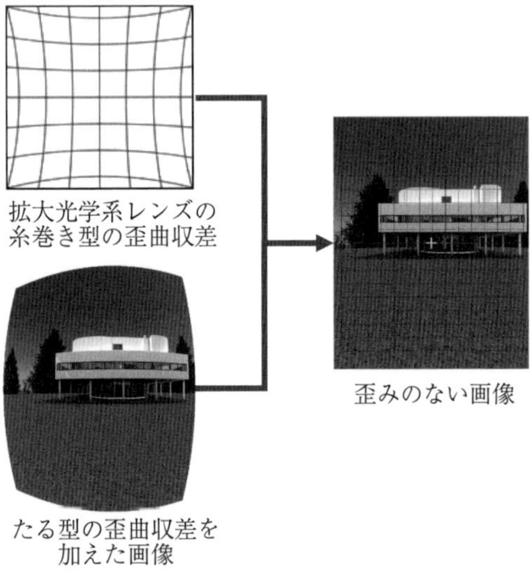

図5-47　多面体スクリーン型ディスプレイ

さらに，HMDはヘッドトラッキング機能が内蔵されており，ユーザーの首や身体の動きに合わせてリアルタイムに映像を変化させる。その結果，ユーザーは3D-CG空間を360度全天周にわたって見回すことができる。

HMDは非常に没入感のあるCG空間を提供できる反面，HMDを装着した人がその体験を他の人と共有することは難しい。しかし，HMDを装着している人どうしでネットワークを介して3D-CG空間を共有することで，近くにいても離れていても同じ体験ができる。

5.5.3　両眼立体視

人間には左右に目があり，その位置の違いで網膜に映る像も左右で若干ずれている。そのずれは両眼視差と呼ばれて，空間の奥行きを知覚するための重要な手がかりになっている。両眼視差によって得られる立体的な視覚を両眼立体視という。

たとえば，画面上に両眼視差のある2点a_R，a_Lがあり，右目E_Rで点a_R，左目E_Lでa_Lを見たとき，右目の視線E_Ra_R，左目の視線E_La_Lの交点Aにあたかもその点が存在するように人は認識する（図5-48）。点Aは融合像と呼ばれ，両眼視差により画面よりも手前や奥に融合像を作り出すことができる。

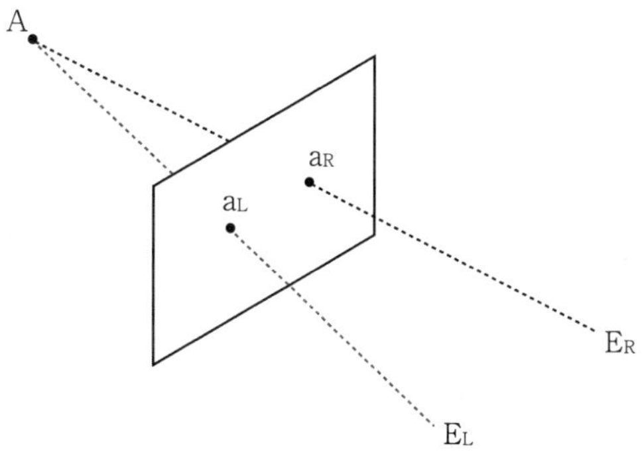

図5-48　両眼立体視

3D-CGで両眼視差のある2枚の図を作成するのは容易で，右目と左目それぞれの位置を視点とした透視投象を生成すればよい。それを画面に表示するときに，右目には右目用の図，左目には左目用の図だけしか見えないような仕組みにする。前項で紹介した両眼立体視に対応したディスプレイは左右の目に異なる映像を提示する仕組みを有している（図5-49）。

1枚のディスプレイに右目用と左目用で別々の映像を提示する方法の1つに，時分割で映像を切り替えて表示する方法がある。ユーザー側は，映像の切り替わりに同期した液晶シャッター付きのメガネをかけることで，左右の目に入る映像を分離することができる。このような方式はアクティブ方式と呼ばれる。切り替える時間は1/120秒と高速なものが多く，肉眼では切り替えが認識できず，裸眼でディスプレイを見てもずれた二重の映像に見える。

メガネを用いたもう1つの方法として，偏光フィルタを利用するものがある。2台のプロジェクタから異なる方向に偏光をかけた両眼視差の映像をスクリーンに重ねて映したり，液晶ディスプレイの横ラインごとに交互に異なる偏光のフィルムを貼り付けたディスプレイを使ったりする。ユーザー側は，偏光フィルタ付きのメガネをかけることで，左右の目に入る映像を分離することができる。このような方式はパッシブ方式と呼ばれる。

HMDの場合は目の前にディスプレイを提示することから，画面を左右で分割して，左右の目に別々の映像を提示する。アクティブ方式やパッシブ方式の両眼立体視と比べて，左右で別々のディスプレイを眺めることができるため，良質な立体視画像が得られる。

また，特殊なメガネを装着しない裸眼立体視に対応したディスプレイとして，隙間の空いたうすい膜を画面上に貼り付けて，左目と右目に違う映像を見せるものがある。

5.5.4　輻輳・調節の問題

人が目の前の対象を注視するとき，網膜の中央に像が来るように眼球を回転させて，両目の視線が注視対象の位置で交差する。このような寄り目になるような状態を「輻輳」と呼び，2つの視線と注視点で作られる角度を輻輳角という。

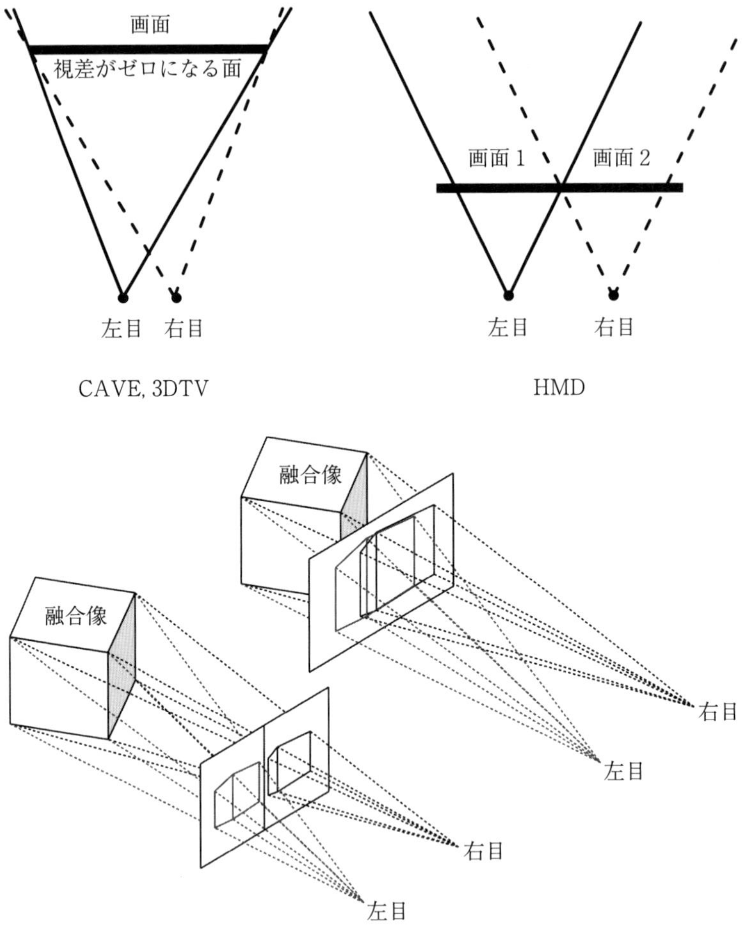

図5-49　両眼立体視ディスプレイ

遠くのものを見たり，近くのものを見たりすると輻輳角が変化し，輻輳は対象までの距離を知覚する手がかりの1つになっている。

また，人間の目はカメラの構造と類似しており，対象を注視するときは，カメラのレンズに対応する水晶体の厚みを変化させて焦点を合わせることも行っている。この機能は調節機能と呼ばれ，水晶体の厚みを制御する筋の状態でも，奥行きを知覚する手がかりとなる。

実空間で人がものを見るとき，「輻輳」と「調節」の量は比例関係にある。しかしながら，前項の両眼立体視では，注視する対象物までの距離によって「輻輳」は変化するものの，「調節」はディスプレイ位置に固定されたままになってしまう。そのために，立体の大きさの誤認識や眼精疲労，映像酔いを引き起こす原因になっているといわれる。

5.5.5　ヘッドトラッキング

ヘッドトラッキングは実空間におけるユーザーの頭部の動きを計測するもので，視点位置を実空間と3D-CG空間で対応させることができる。トラッキングするためのセンサーをHMD自体に搭載するインサイドアウト方式と，外部に設置したセンサーを利用するアウトサイドイン方式がある。

ヘッドトラッキングで取得するデータとして，頭部の「上下の傾き」「左右の傾き」「時計回り，反時計回りの回転」の3軸のデータがあれば，3D-CG空間内で首を回して360度自由に見回すことができるようになる。この3軸は3つの自由度があるという意味で3DoF（3 Degree of Freedom）という用語で呼ばれる。これはインサイドアウト方式でHMDに加速度センサー，ジャイロスコープを搭載することで実現できる。

さらに，頭部の「前後」「左右」「上下」の移動量を計測できれば，実空間の移動に合わせて，3D-CG空間内を移動することが可能になり，さらに没入感が向上する。3DoFから自由度がさらに3増えるため，6DoFという用語で呼ばれる（図5-50）。

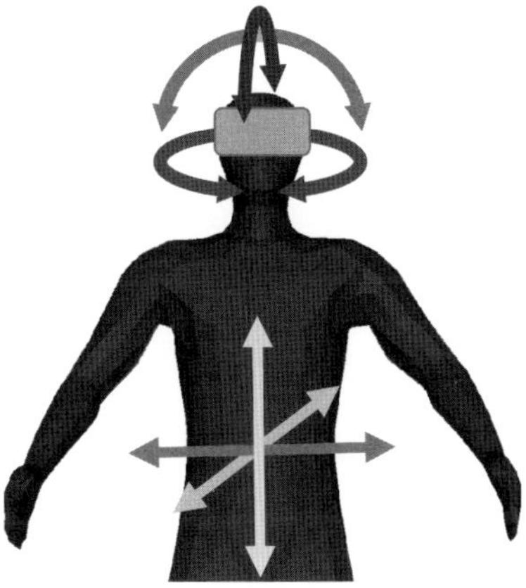

図5-50　6DoFのヘッドトラッキング

6DoFは当初外部に設置されたセンサーを使うアウトサイドイン方式が多かったが，インサイドアウト方式でHMDに搭載されたカメラとセンサーから周囲環境の立体構造を高度な処理で認識させて視点位置を検出することも可能になっている。

参考文献

神崎洋次，西井美鷹，体系的に学ぶデジタルカメラのしくみ 第4版，日経BP，2017

日本図学会 編，図学用語辞典，森北出版，2009

コンピュータグラフィックス［改訂新版］編集委員会 監修，コンピュータグラフィックス［改訂新版］，公益財団法人画像情報教育振興協会（CG-ARTS協会），2015

鈴木賢次郎，横山ゆりか，金井 崇，舘 知宏，3D-CAD/CG入門［第3版］，サイエンス社，2016

舘 暲，佐藤 誠，廣瀬通孝 監修，日本バーチャルリアリティ学会 編集，バーチャルリアリティ学，工業調査会，2010

索　引

【タ行】

【ナ行】

Memorandum

Memorandum

Memorandum

Memorandum

Memorandum

Memorandum

〈著者紹介〉

阿部浩和（あべ　ひろかず）　第 4 章執筆

1983 年　大阪大学工学部卒業
1983-2002 年　株）竹中工務店大阪本店設計部
現　在　大阪大学サイバーメディアセンター 教授・博士（工学）
専　門　図学・建築・都市形態工学

榊　愛（さかき　あい）　第 1 章執筆

2009 年　大阪市立大学大学院工学研究科都市系専攻博士課程修了
現　在　摂南大学理工学部住環境デザイン学科 准教授・博士（工学）
専　門　空間情報デザイン・図学

鈴木広隆（すずき　ひろたか）　第 2 章執筆

1996 年　東京大学大学院工学系研究科建築学専攻博士課程修了
現　在　神戸大学大学院工学研究科グラフィックスリテラシー教育研究センター センター長
　　　　教授・博士（工学）
専　門　図学・建築光環境工学

橋寺知子（はしてら　ともこ）　第 3 章執筆

1993 年　関西大学大学院工学研究科建築学専攻博士課程修了
現　在　関西大学環境都市工学部 准教授・博士（工学）
専　門　図学・近代建築史

安福健祐（やすふく　けんすけ）　第 5 章執筆

2007 年　大阪大学大学院工学研究科建築工学専攻博士後期課程修了
現　在　大阪大学サイバーメディアセンター 講師・博士（工学）
専　門　建築形態工学・図学・避難シミュレーション

実用図学

Practical Descriptive Geometry

2020 年 3 月 30 日　初版 1 刷発行
2023 年 3 月 1 日　初版 3 刷発行

検印廃止
NDC 414.6, 501.8, 725

ISBN 978-4-320-11432-6

著　者　阿部浩和・榊　愛・鈴木広隆
　　　　橋寺知子・安福健祐　Ⓒ 2020

発行者　南條光章

発行所　**共立出版株式会社**

〒112-0006
東京都文京区小日向 4-6-19
電話　(03)3947-2511（代表）
振替口座　00110-2-57035
www.kyoritsu-pub.co.jp

印　刷　精興社

製　本　協栄製本

一般社団法人
自然科学書協会
会員

Printed in Japan